인생은
호르몬

SEX SUBSTANSER SOM FÖRÄNDRAR DITT LIV

ⓒ2022 by David JP Phillips in agreement with Enberg Agency AB
All rights reserved.

No part of this book may be used or reproduced in any manner whatsoever without written permission except in the case of brief quotations embodied in critical articles or reviews.

Korean Translation ⓒ2025 by Will Books Publishing Co.
Korean edition is published by arrangement with Enberg Agency AB through Imprima Korea Agency

이 책의 한국어판 저작권은 Imprima Korea Agency를 통해
Enberg Agency AB와 독점 계약한 윌북에 있습니다.
저작권법에 의해 한국 내에서 보호를 받는 저작물이므로
무단 전재와 무단 복제를 금합니다.

인생은 호르몬

나를 움직이는
신경전달물질의 진실

데이비드 JP 필립스 지음
권예리 옮김

Sex substanser som förändrar ditt liv

윌북

차례

추천의 글 ··· 6

호르몬 칵테일 한 잔 주세요! ··············· 8

도파민 ··· 18

옥시토신 ··· 56

세로토닌 ··· 92

코르티솔 ··· 122

엔도르핀 ··· 160

테스토스테론 ··································· 176

최대한의 내가 되는 법 ······················ 190

삶이 달라지는 호르몬 관리법 ············ 204

천사의 칵테일 호르몬 레시피 ············ 216

악마의 칵테일 호르몬 레시피 ············ 230

새로운 나, 새로운 미래 ····················· 236

맺음말 ··· 246

추천의 글

✳

 납과 같은 평범한 금속을 빛나는 금으로 바꾸려는 시도를 연금술이라고 부른다. 오래전부터 시작되었지만 사실상 공상의 영역이었던 기술이 이제 새로운 형태로 주목받는다면 어떨까? 허무맹랑한 생명의 묘약을 말하는 게 아니다. 눈치챘겠지만, 바로 호르몬이다.
 우리는 종종 감정이라는 거친 파도에 무기력하게 휩쓸린다. 이유 없는 불안으로 잠 못 이루고, 덧없는 환희에 취했다가 돌아오는 공허함에 넘어지기도 한다. 예측 불가능한 마음의 날씨를 그저 견뎌내는 것이 인생이라고 여겨왔다면, 이제 이 책을 펼쳐서 새로운 방향으로 걸음을 옮길 차례다. 저자는 깊은 우울의 터널을 통과했던 자신의 경험을 바탕으로, 감정이란 마법의 영역이 아니라 우리 몸속에서 벌어지는 정교한 화학반응이라고 외친다. 그러고는 도파민, 옥시토신, 세로토닌, 코르티솔, 엔도르핀, 테스토스테론이라는 독특한 재료들의 특성을 이해하고 완성도 높은 긍정의 칵테일을 만들어낼 수 있는 비책을 아낌없이 공개한다.
 단계적으로 따라가다 보면 어느새 나에게 꼭 맞는 맞춤

형 색을 찾는 것처럼 최적화된 호르몬의 상태도 만들 수 있지 않을까. 외부의 자극이나 타인의 행동으로부터 삶의 주도권을 되찾아오는 가장 과학적인 방법론이 여기에 있다. 퍼스널 컬러를 찾듯 최적화된 호르몬 상태를 만드는 방법이! 감정이라는 거친 파도에 무기력하게 휩쓸리는 대신, 이제 마음의 연금술을 기적적으로 펼쳐볼 시간이다.

궤도 | 과학 커뮤니케이터, DGIST 특임교수, 『과학이 필요한 시간』 저자

호르몬 칵테일 한 잔 주세요!

모든 것은 호르몬 때문이다

당신은 지금 어느 분위기 좋은 바에 앉아 있다. 술집이 으레 그렇듯 공기에선 살짝 시큼하면서 케케묵은 냄새가 나고, 의자 가죽은 그동안 얼마나 많은 손님이 다녀갔는지를 증명하듯 나달나달하다. 힘든 하루를 보내고 기분 전환과 동기부여가 필요한 당신은 은근하게 허리를 숙이고 바텐더를 향해 말한다.

"천사의 칵테일 한 잔 주세요!"

그러자 바텐더가 답한다.

"그거 좋죠. 원하시는 베이스나 토핑 있을까요?"

"도파민이랑 세로토닌이요."

잠시 후 바텐더는 격식을 갖춰 황금빛 쟁반 위에 올린 유리잔을 가져온다. 아름다운 마티니 잔에 칵테일이 담겨 있고, 작은 꼬치에는 짐작과 달리 초록 올리브가 아닌 싱싱하고 노란 파인애플 한 조각이 꽂혀 있다.

"맛있게 드세요!"

기분을 바꾸는 일이 이토록 쉽다면 어떨까? 그저 집 근처 술집에서 원하는 기분을 구체적으로 주문하고, 돈을 내고, 건

배하고, 몸속에 새로운 기분을 담아 돌아오는 것이다! 그런데 이보다 더 간단한 방법이 있다. 뇌 속 화학 공장에서 생산한 여섯 가지 물질을 마음껏 사용해서 느끼고 싶은 구체적인 기분을 원할 때 만드는 것이다. 그것도 공짜로!

사실 우리 몸 안에는 이미 이런 화학 공장이 있다. 스스로 바텐더가 되어 언제든지 스스로의 기분을 결정할 수 있다는 말이다. 도파민이 흘러나와 에너지가 넘치는 상태를 원하는가? 옥시토신을 뿜으며 지금 이 순간에 온전히 집중하고 싶은가? 엔도르핀이 가득해져 행복감에 푹 빠지고 싶은가? 테스토스테론이 넘쳐 자신만만해지고 싶은가?

이상하게도(아니, 어쩌면 그리 이상하지 않을지 모르지만) 우리 사회에는 도리어 '악마의 칵테일'을 만들어 마시는 쪽을 선택하는 사람이 훨씬 많다. 악마의 칵테일이 뭐냐고? 불안, 실망, 부정적 상념에 갇혀 지속적으로 강한 스트레스에 자신을 노출하는 것이다. 이는 감정이 결여된 회색 세계에 사는 것과 같은 상태다. 그날이 그날 같고 폭발적인 기쁨 없이 그저 이어지는, 현실과 동떨어진 장막 속에서 삶을 살아가는 것이다. 오랜 기간에 걸쳐 악마의 칵테일을 너무 많이 마시면 디스포리아dysphoria(불편하고 불만족스러워 정신적으로 고통받는 상태. 우울증, 조울증 등의 증상이기도 하다. 환희와 행복감을 느끼는 상태인 유포리아의 반대 개념—옮긴이), 불안 장애, 장기적 우울증으로 악화될 수 있다.

사람들이 왜 이런 악마의 칵테일을 선택하는지 의문이

들 법한데, 전부는 아니지만 주요한 세 가지 원인이 있다.

* 첫째, 감정을 다루는 방법을 배운 적이 없다. 학교에서는 인간이 삶에 관해 배울 수 있는 가장 중요한 주제들을 다루지 않는다. '감정이란 무엇인가?' '나는 어떤 감정을 경험하고 있나?' '감정은 어떻게 기능하는가?' '감정을 조절하는 법을 어떻게 배울 수 있는가?' 기분은 모든 행동에 영향을 준다. 감정에 관한 지식은 학교에서 배우는 정규 과목보다 훨씬 중요하다.

* 둘째, 돈을 최우선 가치로 생각한다. 우리 사회는 성공의 척도가 돈이고, 평온한 만족감보다 끊임없이 돈을 추구하는 일을 우선시한다.

* 셋째, 주변 사람들의 영향을 받는다. 일상에서 자주 만나는 친구나 가족이 날마다 스트레스, 나쁜 소식, 남들과의 비교 같은 화제에 대해 이야기하고 투덜거리면 자신도 비슷해진다.

극도의 우울을 겪은 끝에 거기서 빠져나왔던 나의 과거를 떠올려보면 감정에 관한 지식, 감정의 생물학적·뇌과학적 유래에 관한 지식이 중요한 역할을 했다. 그 지식 덕분에 우울에서 빠져나와 회복할 수 있었다. 하지만 기분이 괜찮거나 아주 좋은 사람에게도 이 책은 삶에 대한 유용하고 놀라운 관점을 선사할 것이고 친구, 동료와 리더, 부모와 자식, 더 나아가 한 인간으로서의 역할을 하는 데도 도움을 줄 것이다.

여러 곳에서 강의를 할 때마다 수강생들에게 꼭 이런 말을 듣는다.

"반평생을 살고 나서야 비로소 감정이 무엇이고, 스스로 감정을 선택할 수 있다는 걸 배웠어요!"

한번은 이렇게 말한 이도 있었다.

"컬러텔레비전을 처음 보는 느낌이에요."

그 사람의 눈에는 눈물이 그렁그렁했다.

아이를 키우는 부모의 소감도 내게 깊은 감명을 남겼다. 한번은 요아킴이라는 아버지가 여섯 살짜리 아들과 있었던 이야기를 들려주었다. 요아킴은 화를 주체하지 못해 어쩔 줄 몰라하는 아이에게 이렇게 말했다.

"사람은 스스로 어떤 생각을 할지 선택할 수 있어. 그 생각이 감정을 불러내는 거야. 그러니까 우리 함께 다른 생각을 떠올려보자."

그러자 아들은 곧 눈을 반짝이며 알겠다 했고, 몇 분 뒤 활짝 웃으며 말을 걸어왔다.

"이거 봐요, 효과가 있어요! 저 좀 봐요, 아빠! 제가 얼마나 기분이 좋은지 보세요!"

요아킴의 사례를 많은 이가(특히 어린이와 청소년 자녀를 둔 경우) 따라 해보면 좋겠다. **감정은 자기 자신 '그 자체'가 아니라 자신과 세상에 대한 일시적인 '인상'이다.** 이 인상을 자유롭게 선택할 수 있다는 걸 모두가 이해한다면 세상이 얼마나 달라지겠는가?

보통은 생각을 이용해 감정을 선택할 수 있는데, 감정은 주로 신경조절물질이 특정 뉴런을 각기 다른 방향으로 이끄는 과정 속에서 생겨난다. 그러면서 우리는 여러 감정을 경험한다. 물론 신경조절물질 외에도 많은 요인이 관여한다. 몸안에서는 약 50가지 호르몬과 100가지 신경전달물질이 끊임없이 일하는 중이다. 가장 잘 알려진 물질들에 관한 상세한 정보를 담은 책과 논문도 많다. 생화학의 세계로 깊이 빠져드는 것도 물론 추천이다. 최신 살인 미스터리 베스트셀러 소설보다 더 재미날 것이다!

하지만 이 책은 그동안 이루어진 다양한 과학적 발견의 상세한 학문적 탐색에 오랜 시간 몰두하려는 사람들을 위한 글이 아니다. 이 책은 대중과학서로, 몸의 생화학적 공장이 우리에게 어떻게 영향을 미치는지, 한편 그 공장이 돌아가는 과정에 우리가 반대로 어떻게 영향을 미칠 수 있는지 누구나 이해할 수 있도록 간단히 설명하고자 한다.

호르몬은 오래전부터 자주 논의해온 주제지만 그간은 평범한 사람이 접근하기엔 다소 어렵고 학술적인 방식으로 다루어졌다. 하지만 지금까지 내 이야기를 들은 수만 명에게 나타난 효과를 직접 눈으로 보고 나니 다르게 접근할 용기가 생겼다. 모든 사람에게 이 노하우를 전해줄 때가 되었다고 생각한다. 이 책이 여러분의 삶에서 가장 중요한 요소인 '감정'을 다루는, 간단하고 쉽게 소화할 수 있는 책이기를 바란다.

그런데 감정에 관여하는 수백 종류의 물질 중 왜 단 여섯 가지에 대해서만 쓰기로 했을까? 내가 고른 기준은 세 가지다.

- ✻ 즉시 뚜렷한 효과를 내야 한다.
- ✻ 원할 때 언제든지 몸에서 자발적으로 생산할 수 있다.
- ✻ 간단하고 실용적인 기술을 이용해 조절할 수 있다.

이 기준에 미치지 못한 150여 가지의 다른 물질은 최종 명단에 들지 못했다. 대부분은 즉시 뚜렷한 정신적 효과를 내지 못한다. 예를 들어 에스트로겐과 프로게스테론은 인간에게 매우 중요하지만 세 가지 조건에는 부합하지 않아서 넣지 않았다.

실생활에 쉽게 적용할 수 있도록 이 여섯 가지 물질이 나타내는 정신적 효과 중에서 가장 유의미한 효과만을 언급할 예정이다. 사실 어떤 활동을 하더라도 여섯 가지 중 하나 이상의 물질이 함께 분비된다. 하지만 그 물질들이 분비되는 양은 서로 다르고 각각이 나타내는 유의미한 정신적 효과의 강도도 모두 다르다. 예를 들어 애인이 안아줄 때는 옥시토신과 도파민 분비가 촉진되는데, 그중 인간적인 친밀감을 형성하는 데 결정적으로 기능하는 건 옥시토신이다. 앞으로의 내용도 이런 식으로 진행될 테니 참고하기 바란다.

함께 여행을 떠나기 전에, 마지막으로 후반부의 내용이 더 중요한 이유를 설명하고자 한다. 중간까지는 생리학과 뇌 화학적 원리, 언제 어디서나 원할 때 여섯 가지 호르몬을 사용해서 천사의 칵테일을 만드는 방법을 다룬다. 그런데 천사의 칵테일로 경험하는 효과는 회의, 데이트, 발표 등 여러 상황에서 유용하지만 일시적이라 길어야 몇 시간밖에 지속되지 않는다. 드물게 길어봐야 하루나 이틀까지 계속되는 정도다.

이 책의 후반부에서는 바로 그 고민을 해결하고자 했다. 호르몬을 설명하는 파트보다 짧긴 하지만 근본적인 내용이므로 과소평가해서는 안 된다. '반복'과 '신경가소성'을 활용하면 영구적인 변화까지 끌어낼 수 있고, 그러면 효과가 지속되어서 호르몬 칵테일을 리필할 필요가 없어진다! 두 가지 내용을 전부 읽고 나면 상상도 못한 방식으로 스스로 성장시키고 인격을 갈고닦는 데 필요한 값진 지식을 많이 얻게 될 것이다. 게다가 덤으로 타인을 위해 천사의 칵테일을 만드는 방법도 배울 수 있다. 리더십과 가장 소중한 인간관계에 큰 도움을 줄 기술이다.

앞으로 '셀프리더십'이라는 개념을 자주 언급할 텐데, 이게 바로 책의 주제다. 셀프리더십이란 자기 자신을 이끄는 일이다. 필요할 때마다, 원할 때마다 감정을 선택하는 법, 내 상태를 선택하는 법을 배우는 것이다. 이를테면 중대한 결단을 내려야 하는 회의에 가는 길이라고 치자. 이때 회의 결과를 좌지우지하는 요인은 자신감일 수 있다. 여기서 내가 다룰 여섯 가지 물질과 관련지어보자면, 회의에 들어가기 직전에 테스토스테론과 도파민 양을 조절하는 것에 따라 결과가 달라진다는 뜻이다.

내용을 따라가기 벅차다고 생각하지 않도록 이 점을 강조하고 싶다. 내 말은 깨어 있는 매 순간 명상하고, 운동하고, 건강한 식생활을 유지하고, 엔도르핀을 분비시키고, 냉수욕을 하고, 소중한 사람의 사진을 들여다보고, 감사 명상을 하고, 밤마다 충분히 자고, 풍부한 장내 미생물을 위해 다양한 음식으로 식단을 구성하고, 만나는 모든 사람을 친절히 대하라는 게 아니다. 이 책을 백과사전, 핸드북, 뷔페라 여기자. 몇몇 제안을 골라 실천해보며 자신의 생활 방식으로 삼아가는 것이다.

다시 말하지만 이 책에 소개된 관점과 기술에는 더 나은 사람이 되게 할, 삶을 근본적으로 바꿔놓을 잠재력이 있다. 하지만 지금 너무 비참한 상황이라면, 심각한 질병이 생겼거나 거대한 우울증과 싸우는 중이라면 의료인에게 의학적 도움을 청해야 한다는 걸 잊지 말자.
 그럼 이제 시작해보자!

도파민

투지와 생존의 기폭제

첫 번째 경이로운 물질인 도파민을 소개할 시간이다. 아침에 깨어나자마자 이런 생각이 든다고 상상해보자. '얼른 일어나고 싶어. 멋진 하루가 될 것만 같아!' 그러면 하루를 재빨리 시작하기 위해 곧장 샤워하고 옷을 입을 것이다. 이게 바로 도파민이 자연스럽게 흐를 때의 감각이다. 환희에 넘쳐 다가오는 봄을 환영하는 야생마가 되어보는 건 실로 멋진 경험이다!

이 기분을 원할 때마다 만들어낼 수 있고, 오랜 시간 더 강하게 누리게끔 조절할 수 있다면 어떨까? 지금부터 배울 내용이 바로 이것이다. 이 장을 읽고 나면 삶이 몰라보게 달라질 것이다. 올바른 방향으로 사용된 도파민이 얼마나 대단한 능력을 주는지 알고 나면 예전과는 다르게 행동하고 싶어질 테니 말이다. 하지만 도파민이 부적절하게 사용되면 공허함, 짜증, 좌절, 중독, 우울에 빠질 수 있다. 다행히도 그런 상태를 피하려면 약간의 지식과 마음가짐만 있으면 된다.

도파민을 탐구하기 전에 먼저 이 호르몬의 진화적 목적을 어느 정도 이해해두자. 도파민의 진화는 매머드 엄니와 나뭇가지와 진흙으로 만든 소박한 오두막에서 출발한다. 2만

5000년 전, 평소와 다를 것 없는 하루다. 우리 조상 덩컨은 짚으로 만든 침대에서 자다가 따가운 햇살에 잠에서 깨어난다. 그를 깨운 게 꼬르륵거리는 위장이 아니라 태양이었던 이유는 알 수 없지만 정신이 완전히 들자마자 덩컨은 심히 배가 고프다고 느낀다. 생각해보니 오두막 안에는 먹을거리가 전혀 없지만 멀지 않은 습지에 군침 도는 산딸기가 자라고 있다. 산딸기를 생각하기만 해도 뇌에서는 도파민이 분비되고, 곧바로 집중력이 높아지며 강렬한 욕구를 느낀다.

습지로 가는 길은 험하고 제법 많은 덤불과 씨름해야 한다. 하지만 산딸기를 최우선 목표로 삼은 덩컨은 많은 양의 도파민을 유지하면서 앞으로 나아가기에 충분한 원동력을 얻는다. 얼마 후 마침내 척박한 습지가 내려다보이는 언덕배기에 도착한다. 하지만 금빛 열매를 찾아 절박하게 바닥을 훑어보아도 이미 누군가가 모조리 주워간 후다. 상황을 인지하고 나자 덩컨의 도파민 수치는 폭락하고, 내면에서는 기대를 충족시키지 못해 유발된 괴로움이 퍼져나간다. 덩컨은 한숨을 쉬며 쓰러진 나무에 앉아 끔찍한 공허감을 느낀다. 어떻게 살아남을 것인가? 먹을 것이 필요하다! 바로 그 순간, 나무에 달린 사과를 발견한 덩컨은 다시 불꽃이 되살아나고 도파민이 치솟는다.

사과를 먹고야 말겠다는 집념하에 나뭇가지와 바위를 위험하게 기어오른 덩컨은 드디어 보상을 받는다. 그는 앉아서

맛난 사과를 한입 베어 문다. 혈당이 높아지고 스트레스는 낮아지며 약간의 도파민이라는 보상 칵테일을 즐긴다. 덕분에 덩컨의 기분은 그야말로 환상적이다. 하지만 이 상태는 잠깐밖에 지속되지 않는다. 그의 뇌는 사과를 더 많이 찾게 하기 위해 도파민 양을 줄이고, 도파민 수치는 처음 사과를 찾기 전보다 더 낮아진다. 도파민이 부족해서 생기는 갑작스러운 공허함은 더 많은 사과를 찾고자 하는 동기를 부여한다. 그뿐 아니라 겨울을 대비해 먹을거리를 모으고, 오두막을 튼튼하게 보강하고, 짚으로 만든 침대를 부드럽고 편안하게 손질하는 데도 노력을 기울이도록 자극을 준다. **더 나은 환경을 마련하고자 하는 욕망, 살아남아 후대에 유전자를 전하는 데 필요한 목표를 달성하고자 하는 욕망에 따라 행동하는 것이다.**

다시 시간을 2만 5000년 뒤로 돌려 오늘로 돌아오자. 그다지 배고프진 않지만 어쩐지 아이스크림, 사탕, 감자칩을 먹고 싶다. 그래서 다소 먼 거리를 운전해서라도 장을 보러 간다. 그런데 막상 가게에 도착하니 문이 닫혀 있고, 이 광경을 보니 새로운 공허함이 느껴진다. 몸 어딘가에 가득 채워달라고 아우성치는 구멍이 뚫린 것 같다. 다른 가게로 운전해 가보지만 거기도 문을 닫았다. 문 연 곳을 찾고야 말겠다는 결심은 강해지기만 한다. 다행히도 다음에 찾아간 곳은 열려 있다! 솟구친 도파민 덕분에 느끼는 만족감은 굉장하고 뭐든지 할 수 있을 것만 같은 기분이 든다. 그런데 곧 재난이 닥치고 만다. 지갑을 집에 두고 온 것이다! 이 사실을 자각하자마자 도파민 양은 확 줄어들어 끔찍할 정도로 적게 유지된다. 차 안을 뒤져 지갑을 찾아내 안도하기 전까지.

휴, 살았다! 이제 계산을 마치고 얼른 집에 도착하기를 고대한다. 솔직히 차 안에서부터 군것질을 시작할 것이다. 하나하나 즐기며 다 없어질 때까지 야금야금 먹을 것이다. 하지만 다 먹고 나서 시간이 조금만 지나면 아까만큼의 기분이 유지되지 않는다. 도파민이 베이스라인 이하로 떨어지기 때문이다. '도파민 베이스라인'이란 가게로 떠나기 전의 도파민 양을 말한다. ==도파민이 줄어들 때 느껴지는 갑작스러운 공허함 때문에 우리는 다른 곳에서 자극을 찾아나선다.== 도파민을 쉽게 유도하는 스마트폰 앱이나 TV 프로그램으로 자연히 손이 가지 않는가. 이 순환 고리는 사람을 영원한 도파민 사냥꾼으로 변신시켜 한결같이 쾌락만 추구하게 만든다. 덩컨도 그랬다. 물론 스마트폰이 없어서 그저 사과를 모으고 겨울을 대비해 오두막을 수리하고 잠자리를 더 편안하게 정비하는 데 만족해야 했지만 말이다.

인간의 생물학적 보상 체계는 2만 5000년 전과 별로 달라지지 않았지만 인간이 창조한 사회는 크게 변했다. 덩컨이 살던 시대에 도파민의 목적은 생존 가능성을 높이는 환경을 마련하는 것이었지만, 오늘날은 옛날에 없던 도파민 자극원이 넘쳐난다. 물론 그렇다고 우리를 즐겁게 해주는 '필수적이지 않은' 도파민 자극을 전혀 즐기지 말라는 뜻은 아니다. 이렇게 말하는 나도 TV를 보고, 아이스크림도 먹고, 영화를 보며 팝콘을 잔뜩 먹기도 하니 말이다. 하지만 도파민의 작용 원리를 이해하는 것이야말로 핵심적인 생존 기술이다. 특히 나중에 자세히 살펴볼 '도파민 도둑'이 곳곳에 도사리고 있는 현대사회에선 더욱 그렇다.

그럼 도파민은 어떤 일을 할까? 천사의 칵테일 재료인 도파민은 동기, 추진력, 욕구, 쾌락을 유발하고 장기 기억을 생성하는 데 중대한 역할을 한다. 도파민을 분비하는 뇌 경로는 네 가지가 있지만 여기서는 그중 두 가지에 집중하겠다. 하나는 '보상'을 조절하는 경로, 다른 하나는 의지력과 의사 결정 같은 '집행 기능'을 조절하는 경로다.

빠른 도파민과 느린 도파민

이제 중요한 개념인 도파민 베이스라인을 좀 더 자세히 살펴보자. 미국 스탠퍼드대학교 교수이자 뇌과학자인 앤드루 D. 휴버먼은 이를 기발하게 설명한다. 인간이 더 열심히 탐색하고 배우고 발전하도록 유도하기 위해 이 모든 활동을 하기 전과 하는 동안에는 도파민 양이 많아지고, 활동이 끝나면 이전의 베이스라인보다 더 낮아진다는 것이다.

1부터 10까지의 척도로 다시 설명해보자. 도파민 베이스라인은 사람마다 다르다. 어느 정도는 타고난 특성이다. 이 예에서 베이스라인은 5다. 만약 인스타그램에서 눈길을 사로잡는 영상을 보는 것처럼 도파민 양을 늘리는 활동을 해서 도파민이 6까지 늘어났다고 하자. 그러면 우리 뇌는 영상이 끝나자마자 비슷한 자극을 계속 찾으라고 부추기기 위해 도파민을 4.9로 떨어뜨린다. 이때 다른 영상을 찾아서 본다면 처음만큼 즐겁게 봤더라도 영상을 보기 시작한 순간의 도파민 양이 더 적었기 때문에 이번에는 5.9까지만 늘어나고, 시청이 끝나면 4.8로 줄어든다. 영상을 거듭 볼수록 이런 일이 벌어지고, 결국에는 구경에 흥미를 잃고 만다. 처음만큼 재밌지 않기 때문이다. 도파민 베이스라인이 4까지 떨어졌다면, 맨 처음 인스타그램 피드를 훑어보기 시작한 순간보다 객관적으로 기분이 나빠진 상태가 되고 만다.

반대로 이 법칙의 예외가 되는 사례도 직접 경험해보았을 것이다. 가끔은 도파민 효과 덕에 더 활기차고 긍정적으로 변하기도 한다. 그렇다면 무엇이 이런 차이를 만들까? 만약 영상이 진정 동기를 부여하는 내용만으로 이루어졌다면 보기 전보다 활기찬 상태가 될 것이다. 빠른 도파민과 느린 도파민, 이렇게 두 종류의 도파민이 있다고 생각해보자. 물론 정말 '빠른' 도파민이나 '느린' 도파민이 있는 건 아니다. 분비된 도파민의 효과가 금세 사라질 때가 있고 오래 지속될 때가 있는데, 편의상 각각 빠른 도파민과 느린 도파민이라 부르겠다.

느린 탄수화물과 빠른 탄수화물 개념과 비슷하다. 흰 빵, 파스타, 설탕에서 얻은 빠른 탄수화물은 에너지를 급등시켰다가 금세 사라지게 한다. 마치 인스타그램 영상처럼 말이다. 반면 통밀빵, 렌틸콩, 현미, 통곡물에서 얻은 느린 탄수화물은 오래 지속되는 에너지를 공급한다. 그렇다면 느린 도파민을 분비시키는 것은 무엇일까? 그건 바로 지금 이 순간 이후로도 도움이 되는, 미래에 유용하게 쓰일 활동과 경험이다. 중요한 점이니 다시 한번 강조하겠다. 느린 도파민이 나오는 상황은 미래의 우리에게 실제로 유용하게 쓰일 활동과 경험으로, 그 순간 이후로도 유용성이 지속된다. 이 정의에 의하면 우리 조상이 한 대부분의 경험은 느린 도파민으로 이어진 셈이다.

느린 도파민의 예를 몇 가지 살펴보자. 뭔가를 가르쳐주고 활력을 더하고 의욕을 북돋아주는 영상을 시청하면 장기적인 원동력을 얻을 수 있으며, 자신을 바꾸거나 창조하려는 열망에 불이 붙어 더 나은 삶을 사는 데도 도움이 된다. 정반대로 일회적인 즐거움만 제공하는 수백 개의 짧은 영상을 주루룩 훑어본다면 다 보고 난 뒤 공허함을 느끼게 된다.

소설을 읽으면 효과가 읽는 순간에만 한정되지 않고 훨씬 길게 지속되므로 소설 읽기는 분명 느린 도파민 활동이다. 특히 책에 나온 사건들을 머릿속으로 그려볼 때 눈 근육, 상상력, 뇌의 넓은 부분이 훈련되며, 다음에 책을 다시 읽을 때까지 사건과 인물을 기억해야 하므로 기억력도 활성화시킨다.

학습 시에도 느린 도파민이 생성된다. 지식은 기억력을 훈련시키고, 새로운 지식은 창조성을 샘솟게 한다. 새로운 아이디어는 언제나 기존 아이디어들의 조합이기 때문이다. 아는 게 풍부할수록 세상을 더 잘 이해할 수 있고, 비슷한 종류의 것들과 관련지어보며 더 많은 걸 자기 것으로 삼을 수 있다. 다양한 사회적 상황에서 타인과 보다 수월하게 소통할 수도 있고 말이다.

신체 운동도 느린 도파민을 분비시킨다. 사실 운동에는 무한히 많다고 해도 과언이 아닌 수많은 장점이 있는데, 특히 중요한 몇 가지만 이야기해보겠다. 운동은 심혈관계 질환 발생 가능성을 낮추고, 에너지를 솟게 하고, 잠을 잘 자게 하고, 뇌가소성을 증가시키고, 면역 체계를 강화하고, 정신적 행복에 가장 중요한 요인으로 여겨진다. 섹스도 느린 도파민을 나오게 한다. 서로 합의한 섹스는 48시간 동안 둘의 관계에 대한 서로의 인식을 긍정적으로 이끈다. 유산소 운동의 일종인 섹스는 그 자체로 세로토닌과 옥시토신을 증가시켜 훌륭한 천사의 칵테일을 제공한다.

나는 종종 강의 중에 상업화된 TV가 우리 삶에 들어오기 전에 했던 대부분의 활동이 느린 도파민 자극원이었다는 이야기를 농담처럼 말하곤 한다. TV 광고와 인터넷이 인간의 삶에 침투하기 전에 어떤 활동을 많이 했는지 청중에게 물어보면 다음과 같은 대답이 돌아온다. 사교 생활, 취미 생활, 집에서 요리하기, 책과 잡지 읽기, 보드게임, DIY 만들기, 정원 가꾸기, 춤추기, 가구나 소품 만들기, 십자말풀이…. 그리고 누군가가 "음반 하나를 한자리에 앉아서 처음부터 끝까지 들었죠!"라고 말하면 사람들이 웃음을 터뜨린다. 정말 그랬다. 새 음반을 집으로 가져와 시디플레이어에 넣는 일이 성스러운 의식과도 같던 시절이 있었다. 방해가 될 만한 요소들을 미리 차단하고, 한 곡씩 차례대로 그저 귀 기울여 듣던.

하지만 먼 옛날의 일이다. 이제 우리는 새로운 세상에 살고 있고, 이 세상은 빠른 도파민을 연료로 돌아간다. 이것이 우리가 맞닥뜨리는 대다수 문제의 원천이다. 가장 큰 문제는 빠른 도파민 활동보다 느린 도파민 활동에 더 많은 에너지와 적극적인 관여가 필요하다는 점이다. 소파에 기대어 초콜릿을 잔뜩 먹으면 도파민이 베이스라인의 150퍼센트로 늘어나기야 하지만 이렇게 손쉽게 나오는 건 빠른 도파민이다. 그밖에도 정크 푸드를 먹고, 드라마를 보고, 스마트폰 게임을 하고, SNS를 확인해도, 뉴스나 비트코인이나 주식 가격을 자주 확인해도 빠른 도파민이 나온다.

반면 느린 도파민은 더 많은 노력, 어떤 경우에는 훨씬 많은 노력을 요구한다. 예를 들어 취미 생활을 하거나 십자말풀이를 하거나 보드게임을 하는 일에는 시간과 에너지가 더 많이 든다. 그리고 인간의 뇌가 정말 싫어하는 것이 바로 필요한 양보다 더 많은 에너지를 쓰는 일이다! 이렇게 보면 에너지는 두말할 것 없이 진화 역사상 가장 가치 있는 화폐라 할 수 있다.

다음에 쇼핑몰에 가면 에너지에 관한 재밌는 연구를 해보자. 얼마나 많은 사람이 계단 대신 에스컬레이터를 선택하는지 세어보는 것이다. 내가 쇼핑몰 카페에 앉아 관찰한 바로는 절대다수가 항상 에스컬레이터를 택한다. 딱 한 층을 내려갈 때도 그렇다. 운동이 건강에 이롭다는 사실을 알면서도 이렇게 행동하는 건 전혀 합리적이지 않다.

그러나 진화적 관점에서는 말이 된다. 우리의 조상 덩컨을 떠올려보자. 덩컨은 에너지를 아끼면 음식을 덜 먹어도 살 수 있었고, 음식을 덜 먹고 많이 저장할수록 식재료를 구하러 나갔을 때 마주할 위험한 환경에 덜 노출되지 않았는가. 우리가 일상에서 에너지를 아껴 쓰는 다른 예들을 나열해보자.

* 대중교통을 이용하거나 자전거를 타거나 걷는 대신, 자가용을 운전하거나 전동 킥보드 타기
* 집에서 요리하는 대신 식당에서 음식 포장해 오기
* 대화나 통화하는 대신 문자 보내기
* 공항에서 걷는 대신 무빙워크 이용하기
* 몸소 잔디를 관리하는 대신 잔디 깎는 기계 이용하기

물론 이렇게 에너지를 아껴서 정말 즐거운 다른 활동에 더 많은 시간을 쏟을 수 있지 않느냐고 주장할 수도 있겠다. 하지만 이런 선택은 대개 에너지를 아끼려는 원시적 본능에 따라 무의식적으로 이루어진다.

빠른 도파민을 분비시키는 활동에 중독되면 머지않아 진정한 악마의 칵테일을 만들어 마시게 된다. 하지만 온갖 자극을 탐닉하는 일에 익숙해지다 보면 느린 도파민에서 멀어지고 장기적으로 도움이 되는 활동들을 피하게 된다. 쉽고 빠르게 얻은 도파민은 내성이 생기는 부작용이 있기 때문에 같은 정도의 즐거움을 얻으려면 다음에는 더 큰 자극이 필요해진다.

게임을 하는 와중에 유튜브 영상을 보며 군것질을 하고 음료를 마시는 모습, 어디선가 본 적 있지 않은가? **동시에 네 가지 도파민 자극원을 쌓아놓은 상황, 이름하여 '도파민 스태킹**dopamin stacking**'이다.** 이런 사람에게 고전 영화 〈카사블랑카〉를 시청하게 하고 다른 보조적인 도파민 자극원을 차단하는 상황은 고문과도 같다.

그런데 이 영화가 1942년에는 많은 관객을 숨죽이게 했다는 사실에 주목할 필요가 있다. 당시에는 무척이나 흥미진진하고 감정을 압도하는 영화였던 것이다. 도파민 스태킹을 관리하는 능력은 성공하기 위한 핵심 기술이고, 건강한 천사의 칵테일을 만들기 위해 반드시 필요한 단계다. 이에 대해서는 잠시 후에 더 자세히 다루겠다. 그 전에 도파민 도둑을 먼저 살펴보자.

무섭도록 황홀한 도파민 도둑

도파민 도둑이란 무엇이고, 우리는 어디서 이것을 마주칠까? 사실 도파민 도둑은 주변에 널려 있어서 나 자신과 무척 사랑하는 사람들 사이에 끼어들기도 한다. 그리고 여기엔 자본주의도 크게 개입한다. 사람의 시간과 도파민을 돈으로 환산할 수 있다는 사실을 알아차린 기업들이 도파민 도둑을 시장 논리에 적용해 이익을 추구하기 시작한 것이다.

게임 앱 제작 회사를 예로 들어보자. 이 회사가 고객을 상대로 돈을 버는 방법은 세 가지다. 첫째, 이용자가 앱이나 홈페이지에 더 오래 머무르게 하면 기업은 광고주로부터 더 많은 수익을 얻는다. 둘째, 앱을 더 많이 사용하게 할수록 이용자는 유료 버전으로 업데이트할 가능성이 높아진다. 셋째, 더 많은 도파민을 불러일으키면 사용자가 늘어나고 앱과 기업에 대한 인식과 가치가 향상된다.

그렇다면 이 회사의 사업 아이디어는 사용자의 도파민을 최대한 분비시키고, 그 결과 나타난 반응을 돈으로 바꾸는 것이다. 심지어 어떤 회사들은 게임과 도박 앱을 개발할 때 색,

소리, 모양, 영상을 활용해 어떻게 빠른 도파민을 최대화할 수 있는지 알아내기 위해 인지과학, 심리학, 생물학 연구를 시행하기도 한다.

이들이 고객에게 장기적인 이득을 가져다주는 느린 도파민에 초점을 맞추지 않는 이유는 무엇일까? 한 가지 이유는, 그렇게 하면 '에스컬레이터 현상'의 희생양이 되기 때문이다. 도파민 도둑은 우리에게 편리한 에스컬레이터를 제공한다. 여기에 갑자기 계단을 가져다 놓으면 훨씬 더 많은 에너지를 투자하라고 요구하는 셈이 되지 않겠는가.

도파민 도둑은 스마트폰 속에만 있는 게 아니다. 식품 회사는 어떤 방법으로 가게에서 상품을 사게 할까? 우선 다른 상품보다 더 매력적으로 보이게 만든다. 어떻게? 상품이 더 맛있어 보이도록 입맛을 돋우는 디자인으로 포장하는 것이다. 상품을 만져볼 때 기분이 좋게끔 디자인하면 어떨까? 매력적으로 포장된 상품이 가득한 통로를 걸으면 기대감이 상승하고 빠른 도파민이 치솟는다. 그러다 갑자기 전혀 시도해본 적 없는 새로운 종류의 상품이 눈에 띄면 도파민이 더 많이 나온다.

집으로 돌아가 건강한 아침 식사를 약속하는 포장을 열고 음식 맛을 보면 이 상품에 포함된 15퍼센트의 당분이 혈류로 들어가 도파민이 더욱 솟구친다. 이쯤이면 뇌는 황홀감에 젖어 이 멋진 상품을 다음에도 다시 사겠다는 다짐을 재빨리 내면화한다. 그런데 잠시 후, 도파민이 베이스라인 아래로 뚝 떨어지면 뇌는 이 상태에서 벗어나기 위해 도파민을 더 내놓으라고 비명을 지르기 시작한다.

현실에서도 도둑질을 좋아하는 사람은 없다. 특히 어린이에게서 훔치는 일은 더더욱 그러하다. '아기의 사탕을 훔치듯이'like stealing candy from a baby'라는 표현도 있지 않은가. 이 표현을 요즘 버전으로 바꾸자면 '아기의 도파민을 훔치듯이'여야 마땅하다. 앱과 게임이 특히 어린이의 도파민을 최대한 분비시키도록 설계되었다는 사실은 정말이지 끔찍한 일이다! 어른은 이론적으로 그런 유혹에 저항할 능력이 있기라도 하지만 아이들은 그렇지 않다. 성인의 전전두엽 피질은 매우 발달되어 있으므로 이성적으로 생각하고 의지를 발휘하는 능력이 어린이와 청소년보다 훨씬 강하다. 이처럼 어른은 빠른 도파민 대신 느린 도파민을 선택하는 일이 상대적으로 더 쉬운데도 많은 이가 도파민 도둑의 희생양이 되고 만다. 도파민 도둑의 악순환에 휘말리면 결국 도파민 베이스라인이 점점 낮아져 즐거움과 진정한 동기를 경험하기 어려워지고 공허함, 디스포리아, 심지어는 우울감까지 느끼게 된다.

빠른 도파민에는 장점이 하나도 없는 걸까? 물론 있긴 하다. 빠른 도파민은 인간의 쾌락에서 중요한 요소로, 삶을 황홀하게 해준다. 당연히 사람은 초콜릿도 먹고, 와인도 한잔 마시고, 디저트도 먹고, 게임도 하고, TV도 보고, 데이팅 앱을 사용해도 된다. 누구라도 그러지 말라는 법은 없다!

하지만 이런 활동들은 두 가지 조건이 성립할 때만 즐겨야 한다. 하나는 빠른 도파민의 효과를 알아야 한다는 것인데, 빠른 도파민에 집중하면 느린 도파민에서 멀어진다는 사실도 같이 알고 있어야 한다. 또 한 가지 조건은 도파민을 조절하는 방법을 익힌 상태여야 한다는 것이다. 내가 도파민을 통제하지 못하면 결국에는 도파민이 내 기분을 좌우하는 주인이 되기 때문이다.

지금부터는 빠른 도파민을 통제하고 제어하는 데 쓸 수 있는 여섯 가지 기술을 소개하겠다. 빠른 도파민을 장악하고 조절해서 '진짜 활동'을 더 많이 하려는 본성을 지킬 수 있도록 말이다. 그러고 나서 필요할 때마다 도파민과 동기를 만들어내는 데 쓸 수 있는 네 가지 기술을 추가로 설명하려 한다. 부탁하건대 이 내용을 천천히 음미하고, 각 기술이 삶에 어떤 영향을 주는지 생각해볼 시간을 가져보기 바란다.

1 ✳ 도파민 스태킹에서 벗어나기

다음 묘사는 어디서 많이 본 광경일 것이다. 노트북으로 드라마를 보면서 분비되는 도파민이 충분하지 않을 때면 팝콘을 먹는다. 그것으로도 충분하지 않으면 음료수를 마신다. 그조차도 충분하지 않으면 동시에 스마트폰을 훑어본다. 그리고 이마저도 충분치 않으면 TV까지 켜둔다. 도파민 자극원을 하나씩 쌓는 것이다. 그런데 이러면 세 가지 문제가 생기고 만다.

* 도파민은 쌓다가 자연스럽게 멈출 수가 없다. 같은 만족감을 얻으려면 계속해서 더 많은 자극원을 쌓고 또 쌓아야 한다.

* 뇌가 항상 도파민 자극원을 마음껏 쌓고 싶어 한다. 운전할 때처럼 민감한 상황에서도 도파민을 쌓으라 요구하기에 핸드폰을 절대 보지 말아야 하는데도 욕구에 쉽게 굴복하고 만다. 실제로 스마트폰을 사용하고부터 세계 곳곳의 교통사고 발생률이 10~30퍼센트 증가했다.

* 원래 하고 있던 일을 인지하고 즐기는 일이 한층 어려워진다.

그렇다면 이 문제들에 어떻게 대처해야 할까? 도파민 스태킹 현상을 경험 중이라는 걸 의식했다면 뭔가 해보려 할 테니 그것으로 충분할 수도 있겠다만, 적극적인 조치를 시도하고자 한다면 이때 유용한 세 가지 접근법을 소개하겠다.

✻ 모든 도파민 스태킹을 즉시 멈추고 한 번에 한 가지 활동만 하는 연습을 한다. 다른 활동은 하지 않고 TV 프로그램을 시청하거나, 소중한 사람과 시간을 보내며 대화에 집중하거나, 운전 중에는 통화를 하지 않거나 팟캐스트를 듣지 않는 식으로 시작해보는 것이다.

✻ 그간 쌓아온 도파민 자극원 무더기를 하나씩 제거한다. TV를 보는 동안은 핸드폰을 멀리 둬서 완전히 차단하거나, 다른 일을 할 때는 TV를 꺼두는 것이다.

✻ 모든 도파민 자극원을 갑자기 끊어버린다. 셀프리더십 코치로 활동한 몇 년 동안 수많은 수강생이 열흘에서 한 달간 **빠른 도파민 자극원**을 모두 제거했을 때 생긴 놀라운 이점들을 이야기해주었다. 한 달 뒤 스마트폰을 집어 들 땐 거기에 많은 시간을 할애했던 때가 마치 주술이나 최면에 걸렸던 것만 같아 놀라웠다고들 한다.
모든 도파민 자극원을 한순간에 끊거나 중간 단계로 절반만 끊어보고 싶다면 빠른 도파민 자극원을 제거하고, 그 자리를 느린 도파민 자극원으로 채우는 게 도움이 된다. 책을 읽고, 퍼즐을 맞추고, 사람들과 어울리고, 그만둔 취미를 다시 시작하다 보면 갑작스러운 변화를 수월하게 견딜 수 있다. ==요즘 유행하는 '도파민 디톡스'를 제==

<u>안하는 게 아니다. 도파민은 독소가 아니다.</u> 단지 인간의 뇌에서 도파민에 대한 갈망을 빠르게 충족하는 습관이 발달했고, 습관은 에너지 효율이 매우 높기 때문에 뇌가 습관을 고수하는 경향이 있을 뿐이다.

2 ✳ 도파민 균형 잡기

빠른 도파민과 느린 도파민 사이의 균형이 깨지면 일상생활에 영향을 줄 수 있다. 내가 강의를 하면서 얻은 한 가지 교훈은 사람마다 각자에게 잘 맞는 균형이 크게 다르다는 사실이다. 나는 삶에서 허용하는 느린 도파민과 빠른 도파민의 비율로 도파민 균형을 간단하게 정의한다. 개인적으로는 80 대 20 정도의 비율을 유지하려 애쓴다. 이 정도가 대다수에게 좋은 비율인 듯하다. 깨어 있는 동안에는 20퍼센트의 빠른 도파민 자극원을 허용하되, 그것이 일상을 지배하거나 느린 도파민 자극원을 밀어내는 일은 없어야 한다. 만일 주말에 빠른 도파민을 40퍼센트로 늘리기라도 하면 뇌는 정원 가꾸기, DIY 만들기, 운동처럼 느린 도파민이 관여하는 활동을 멀리하려 들 것이다.

    한 가지 좋은 전략은 아침에 일어나자마자 핸드폰을 확인하지 않는 것이다. 핸드폰을 확인할 때 생기는 빠른 도파민은 느린 도파민에 대한 갈망을 줄인다. 의사 니콜 벤더스-하디는 수면 상태에 있다가 갑자기 핸드폰 속의 다량의 정보가 밀려드는 충격적인 전환을 겪으면, 그날 하루 동안 집중하고 우선순위를 가늠하는 능력에 악영향을 준다고 주장한다. 며칠간은 아침에 일어나자마자 핸드폰을 확인하지 않는 시도를 해보고 차이를 경험해보자.

핸드폰 알림을 끄는 것도 괜찮은 전략이다. 도파민을 갈망하는 사람에게 알림이 울리는 건 마치 배고픈 사람 앞에서 감자칩 봉지를 흔드는 격이다. 알림 하나를 확인하자마자(감자칩 한 개 먹기), 잠시 후 핸드폰을 다시 확인하고픈 더 강한 욕구를 느끼기 때문이다(봉지째 털어 먹기).

3 ✳ 도파민 분할하기

언제 어떤 상황에서도 빠른 도파민을 허용하는 습관은 삶을 즐기는 능력에 악영향을 끼친다. 음악과 관련된 친숙한 사례를 살펴보자. 새 노래를 처음 들으면 '오, 진짜 좋은데!'라는 생각이 든다. 연달아 들을수록 점점 더 많은 도파민이 분비되기 때문에 반복해서 들을수록 점점 더 좋다고 느낄 것이다.

하지만 그러던 어느 날, 같은 노래를 들으면서 예전만큼의 만족을 느끼지 못한다는 사실을 깨닫게 된다. 심지어 몇 달이 지나면 지루하다는 생각까지 든다. 처음에 노래를 연달아 반복해서 듣는 대신 한번 듣고서 시간이 흐른 뒤에 다시 들었다면, 즉 도파민을 조금씩 나누어 자극했다면 그 노래를 더 오랫동안 좋아했을지도 모른다.

또 다른 예로 한자리에 앉아 드라마를 처음부터 끝까지 정주행하는 습관을 생각해보자. 이건 마치 사탕 한 바구니를 한꺼번에 다 먹어버리는 것과 같다. 처음에는 기분이 참 좋지만 그 즐거움은 오래가지 않는다. 끝나고 나면 도파민 수치가 추락할 게 뻔하다.

나는 드라마를 오랫동안 즐기는 걸 좋아한다. 다음 화를 볼 때까지 가능한 한 오래 기다린다. 이 접근법은 도파민을 많이 늘려준다. 한 화를 보고 나면 얼마간 시간을 두고 인물들에 대해 생각하고, 다음에 무슨 일이 일어날지 상상하고 짐작하고 추리하기도 하고, 기억을 떠올리며 즐기는 것이다. 그리고 뇌가 흥미를 잃어가는 기미가 보일 때쯤 다음 화를 시청한다. 어떤 때는 드라마의 마지막 화를 아예 안 보기도 한다. 결말을 상상하면서 분비되는 도파민을 즐기기 위해서다. 물론 도파민을 간헐적으로 나누는 방식이 조금은 마니아스러울 수 있지만, 나만 이러는 건 아니다.

물건을 구매하기 전에 꼼꼼히 조사하는 일도 하나의 예시가 될 수 있다. 사려는 제품군 중 선택할 수 있는 갖가지 옵션을 살펴보고, 자료를 찾아 읽고, 자세히 공부하고, 질문하는 과정을 음미하는 것이다. 뭔가를 사기 전에 이루어지는 무의식적인, 사실은 아주 의식적인 이 과정은 상당한 쾌락을 안겨준다. 도파민을 간헐적으로 나누어 경험을 오래 지속할 수 있기 때문이다. 이와 정반대로 제품을 즉시 구매하면 도파민 양은 급등했다가 어김없이 급강하한다.

그렇다면 도파민의 급강하 현상을 유익하게 활용할 방법은 없을지 생각해보자. 적어도 몇몇 상황에서는 조금씩 나누어 천천히 일어나도록 연습할 수 있다. 마감일이 정해진 프로젝트를 맡아 수개월 동안 간절하고 힘겨운 노력을 기울여 성공적으로 완성해냈다면 당연히 기분이 끝내주게 좋을 것이다. 함께 일한 팀원들을 모두 초대해 프로젝트 완성을 축하할 것이고, 모두 모여 하늘로 날아갈 듯한 행복감을 나눌 것이다!

그러나 이튿날이 되면 다음 프로젝트를 시작해야 한다. 네 달 동안 열심히 일한 결과, 네 시간의 축하와 행복을 누렸다. 이게 합리적으로 보이는가? 이러면 도파민이 급강하할 게 불 보듯 뻔하다. 급강하를 막기 위해 즉시 다음 프로젝트를 시작하는 사람도 많다. 그러나 이 방식은 장기적으로 지속 가능한 접근법이 아니다.

그러니 축하 의식은 조금씩 나누어 행하기를 권한다. 성공을 더 오래 즐기자. 일주일 동안 축하하되, 하루에 조금씩 축하하는 것이다. 프로젝트를 진행하며 쌓은 추억을 나누고 성공에 대해 이야기하자. 그러면 흥미롭게도 나와 팀원들이 다음 프로젝트를 시작하고픈 열의를 더욱 강하게 느끼게 된다는 긍정적인 부수 효과가 따라온다.

4 ✷ 내적 동기에 집중하기

스탠퍼드대학교의 데이비드 그린과 마크 R. 레퍼는 유치원 학급을 대상으로 조금은 가학적이지만 매우 흥미진진한 실험을 했다. 두 사람은 아이들에게 그림을 그리게 했고, 아이들은 다른 많은 어린이가 그렇듯 그림 그리기 활동을 즐거워했다. 아이들에겐 '내적 동기'라는 것이 있었다. 그림 그리기 활동 자체를 하고 싶은 마음이 있었다는 뜻이다. 그림을 그리면 기분이 좋아졌고, 점차 완성되어가는 모습을 볼 수 있었으며, 그 과정을 즐거워했다.

실험의 다음 단계에서는 그림을 그린 아이에게 보상을 주었다. 외적 도파민 자극원을 개입시킨 것이다. 아이들은 그림을 한 점 그릴 때마다 보상을 받았고, 처음에는 보상을 받을 때마다 기뻐했다. 하지만 어느 날부터 연구자들이 외부 보상을 주지 않자 아이들은 그림 그리기에 흥미를 현저히 잃었다. 결국 아이들은 그림을 그리지 않게 되었다. 이전의 내적 동기는 외적 동기로 교체되었고, 외적 동기가 제거되자 동기를 부여하던 원천 두 가지가 전부 사라져버린 것이다.

이건 우리 삶에 적용할 수 있는 정말 중요한 도구다. 관건은 활동의 과정 자체를 동기로 삼는 것이다. 다시 말해 **뭔가를 하고 나서 받는 '보상'이 동기가 되면 안 된다는 뜻이다.** 헬스장에 운동하러 가려는 의욕을 키우려고 운동 후에 스무디나 에너지 드링크를 스스로에게 보상으로 준다고 치자. 이 외적 보상 구조는 운동을 하려는 자연적이고 내적인 동기를 더욱 줄이는 결과를 낳기 때문에 운동할 때의 산뜻함, 활력, 탄탄해지는 체형을 보며 느끼는 희열에 집중하는 쪽이 더 좋다.

정원에서 낙엽을 쓸어 모을 때도 똑같이 접근하면 된다. 정원을 가꾸는 동안 스스로에게 팟캐스트를 듣는 보상을 제공하거나 일을 마치고 뜨거운 물로 기분 좋게 목욕할 생각을 하는 대신 야외에서 일하는 상쾌함, 정원을 멋지게 가꾼다는 감각, 새들의 아름다운 노랫소리, 쾌적하고 따사로운 가을볕에 초점을 맞추자!

이건 신경학적으로도 효과가 있는 방법이다. 의지를 담당하는 전전두엽 피질이 활동 과정 자체에서 즐거움을 찾기 때문이다. 이 기술을 모 아니면 도 식으로 적용하라는 뜻은 아니다. 나도 가끔씩 뭔가를 성취했을 때 스스로에게 작은 보상을 주곤 한다. 하지만 중요한 건 활동 자체에서 얻는 즐거움보다 보상을 우선시하지 않는 것이다.

5 ✷ 게임처럼 선택하기

이 기술은 게임에서 영감을 얻어 개발했다. 사람들이 도박과 게임이 유발하는 전율을 느끼기 위해 기꺼이 시간과 돈을 낭비하는 데에는 여러 가지 이유가 있다. 만약 게임을 계속하도록 부추기고 싶다면 간발의 차로 아깝게 지게 하는 전략을 활용하면 된다. 아깝게 승리를 놓치면 그냥 졌을 때보다 더 많은 도파민이 분비되고, 그 기분 때문에 다시 도전하게 되기 때문이다.

그렇다면 이 원리를 일상생활에 어떻게 적용할 수 있을까? 주사위를 들고 다니거나 핸드폰에 주사위 던지기 앱을 깔자. 그리고 평소 자주 하는 활동을 할 때, 이를테면 가장 좋아하는 카페에서 커피를 사기 전에 주사위를 던지자. 이때 1이 나오면 근처 다른 카페에서 커피를 사고, 2가 나오면 편의점에서 커피를 사는 것이다. 그리고 6이 나와야만 가장 좋아하는 카페로 가서 커피를 산다는 규칙을 정해보자. 조금 더 간단하게 1, 2, 3이 나오면 원하던 것을 얻고, 4, 5, 6이 나오면 얻지 못한다는 규칙을 세울 수도 있다.

오래전에 사촌과 장거리 자동차 여행을 하면서 이 게임을 한 적이 있다. 갈림길이 나올 때마다 주사위를 던져 1, 2, 3이 나오면 왼쪽으로, 4, 5, 6이 나오면 오른쪽으로 가는 식이었다. 마지막엔 스웨덴 북부의 모기가 우글거리는 습지에서

캠핑해야 하는 일이 발생했지만 내 평생 가장 스릴 넘치는 여행으로 기억한다.

게임은 사용자를 놀라게 해 주의를 끈다. 예측할 수 있어서 어떻게 끝날지 정확히 알아맞힐 수 있다면 분명 지루할 것이다. 이 논리는 식품 회사가 새 제품을 개발하거나 기존 제품의 포장을 바꾸는 데 많은 시간과 노력을 들이는 이유이기도 하다. 그렇다면 이 사실을 어떻게 적용해야 더 나은 삶을 살 수 있을까?

행동·소비 심리학 분야 연구자인 에드 오브라이언과 로버트 W. 스미스는 한 연구에서 실험 참가자에게 젓가락으로 팝콘을 먹으라 지시했다. 그러자 더 맛있고 풍미도 좋으며 재미나게 먹을 수 있었다는 결과가 나왔다. 또 마티니 잔처럼 평소에 쓰지 않는 특이한 유리 용기에 물을 담아 마시게 했더니 만족감이 더 커지기도 했다. 아마 비슷한 현상을 경험한 적이 있을 것이다. 평범한 활동이라도 새로운 방식으로 하면 더욱 기억에 남고 즐거운 경험이 되며 만족감도 커진다.

6 ✳ 도파민 숙취 예방하기

이 기술은 경고 신호이자, 원치 않던 숙취를 가라앉히는 데 쓸 수 있는 치료제다. 어쩌면 도파민 숙취 는 요즘 사람들이 괴로워하는 숙취 중에서도 가장 흔할지 모른다. 재밌게도 이 숙취는 토요일과 일요일에 두각을 나타내는데, 원인은 과음이 아니다. 바쁘고 활기차게 일했던 평일에 경험한 도파민 과다 상태와 주말의 갑작스러운 도파민 부족 상태가 크게 차이 나 숙취가 유발되는 것이다.

반대의 양상도 있다. 주말 동안은 도파민이 다량으로 분비되었다가 월요일엔 도파민이 거의 없는, 즐겁지 않은 일터로 돌아가는 경우가 그렇다. 이때 사람들은 드라마를 정주행하거나 핸드폰을 들여다보는 식으로 상황에 대처한다. 적당히 즐겨서 현명한 회복 수단으로 삼는 사람들도 있지만, 누군가는 이 현실 도피에 푹 빠져버리고 만다. 갑작스러운 공허함과 도파민 억제로 디스포리아에 빠지거나 슬픔을 느끼는 사람도 있고, 불안이나 우울 증상을 나타내는 사람도 있다.

이 내용을 읽었다면 도파민 숙취라는 게 존재하고 누구나 경험할 수 있다는 사실을 자각하는 유리한 고지에 오른 셈이다. 만약 자신에게 도파민 숙취 패턴이 보인다면 동요하기보다 인정하는 쪽을 택하자. 내가 알려주고 싶은 한 가지 사실은, 주말에 빠른 도파민의 과다 분비를 피하는 게 현명하다는 점이다. 도파민 숙취에 시달려 항상 도파민의 최대치를 짜내려는 욕구를 부추기는 건 장기적으로 건강에 해롭다. 그 대신 주말에 느린 도파민을 분비시키는 '진짜배기 활동'을 해서 빠른 도파민과 균형을 맞추자. 산책, 해가 비치는 야외에서 시간 보내기, 헬스장에서 운동하기, 사람들과 만나고 어울리기, 보드게임, 독서, 명상, 휴식이 모두 느린 도파민 자극원이다.

끊임없이 자극을 원하는 사람들

뇌를 수년 동안 쉬지 않고 연달아 자극해 계속해서 도파민을 치솟게 하면 도파민이 '고갈'되어버린다. 엄밀히 말하면 도파민 신호 전달과 도파민 수용체 활성이 장기적으로 줄어든 상태가 되어 이전처럼 민감하게 반응하지 않는 것이다. 약해진 보상 반응은 중독의 대표적인 특징 중 하나다.

중독은 작은 습관으로 시작되어 점차 통제하기 어려운 수준으로 변해간다. 중독에 빠지는 형태는 다양하다. 아늑한 카페를 찾아가면 이 사실을 쉽게 증명할 수 있다. 예전에도 사람들은 카페처럼 남과 어울리며 먹고 대화할 장소를 찾아다녔다. 하지만 요즘 사람들은 친구를 만나 달콤한 디저트와 카페라테를 마시는 것만으론 만족하지 못한다. 거의 모든 사람이 몇 초에 한 번씩 핸드폰을 꺼내 추가로 도파민을 분비시킨다. 다음에 카페에 갈 일이 생기면 주변을 한번 둘러보자. 친구들끼리 함께 앉아 서로 소통하는 대신 저마다 각자의 핸드폰 보기에 열중하는 모습을 목격할 수 있을 것이다. 약해진 보상 반응은 날이 갈수록 도파민을 많이 분비시키기 어려워진다. 이렇게 되면 매혹적인 도파민 급등 상태에 이르는 유일한 방법은 도파민 스태킹뿐이다. 생각해보면 현대인 대다수가 도파민에 중독되었다고 말해도 과언이 아니다.

또 하나의 예로 도파민이 일으킨 강력한 욕구 덕분에 오랜 기간 열심히 일할 수 있게 된 사람을 살펴보자. 그의 보상 반응은 서서히, 점진적으로, 자신도 모르는 사이에 약해지고, 그러다 보면 음식과 술을 활용한 도파민 스태킹으로 같은 효과를 얻으려 할 것이다. 갈망하는 도파민 황홀경에 도달하기 위해서는 더 많이 일해야 하므로 스트레스는 더욱 악화되고 쾌락과 도파민은 줄어든다. 이를 보완하기 위해 더 많은 음식과 술을 섭취하는 것까지 생각하면 정말이지 악순환의 반복이다.

10년 전쯤 도파민 스태킹 때문에 자극에 둔감해지는 현상을 아직 몰랐던 시절, 스웨덴 말뫼로 가는 기차에서 한 신사를 본 적이 있다. 통로 건너편 자리에 앉은 그는 나보다 나이가 많은 듯했고, 창밖 시골 풍경을 바라보고 있었다. 나는 자리에 앉아 노트북으로 일을 하며 영화를 보는 중이었다.

영화가 끝난 뒤에는 핸드폰으로 뉴스를 읽고 SNS 피드를 훑어보았고, 게임을 한참 하다 결국에는 배터리가 닳아 전원이 꺼졌다. 그런 뒤엔 승객에게 제공되는 무료 잡지 《쿠페 Kupé》를 집어 들어 읽기 시작했다. 하지만 다 읽고 난 즉시 격렬한 도파민 숙취가 몸을 뒤흔들었고, 다시 즐길 거리를 갈망하며 절박해졌다. 몸속에서 뭔가가 '더 달라'고 외치고 있었다! 그치만 강제로 스크린에서 눈을 떼고 다른 대상에 집중할 수밖에 없는 상황이었으므로 나는 다시 노신사를 관찰하기 시작했다. 그런데 놀랍게도 그 신사는 두 시간 가까이 똑같은 미소를 띠고 창밖 시골 풍경을 바라보며 자리에 앉아 있었다! 바로 그 순간, 나는 내가 도파민에 중독되었다는 사실을 깨달았다.

도파민 엔진 가동법

잘만 사용하면 도파민은 긍정적인 엔진 역할을 해 미소를 띠고 커다란 만족감을 느끼면서 신나는 일이든 어려운 일이든 뭐든지 끝까지 해내도록 도와주는 에너지원 역할을 한다. 지금까지 소개한 여섯 가지 기술은 원시적 에너지, 즉 살아가면서 진짜배기 활동을 하려는 자연스러운 욕망을 되찾게 해주고, 빠른 도파민을 조절하도록 도와줄 것이다. 아마 머지않아 윤활유를 듬뿍 바른 롤스로이스 엔진처럼 조용히 콧노래를 부르게 될 것이다.

그런데 엔진은 콧노래를 부르기만 하는 게 아니라 빨리 달리기도 한다. 그렇다면 하루를 시작하거나 다음 프로젝트나 활동을 시작할 때 도파민을 분비시켜 의욕을 확 끌어올릴 수 있을까? 그렇게 하는 데 도움이 되는 네 가지 도파민 기술을 추가로 소개한다.

1 ✳ 감정 건드리기

우리 아들은 아홉 살 때 구구단 외우기를 무척 싫어했다. 그 누구도 아들이 구구단을 공부하게 할 수 없었다. 그해 여름, 아내 마리아가 카페를 차리기 전까지는 말이다.

아들은 용돈을 더 많이 받을 기회를 엿보고 아내에게 카페에서 일하게 해달라 했다. 그러자 아내는 이렇게 대답했다.

"물론이지. 계산대에서 손님들에게 돈 받는 일을 하면 되겠다."

사람들을 좋아하는 아들은 일할 생각에 신이 나 있었는데, 아내가 한마디를 덧붙였다.

"그런데 먼저 구구단을 익혀야 해. 손님이 한 가지 물건을 여러 개 살 때가 있거든.

그러자 아들은 구구단을 왜 외워야 하는지 금세 이해했다. 외울 동기가 생기자 구구단 거부 사건은 금세 해결되었다.

나는 감정을 변화시켜 의욕을 얻고자 할 때, 열 가지 방법 중 하나를 골라 이용한다. 뭘 고를지는 어떤 이유로 도파민을 증가시켜야 하는지에 따라 달라진다. 1분 이내에 의욕을 고

속 충전해야 하는 상황이라면 다음 네 가지 방법을 사용한다.

❶ 셀프리더십 강의를 앞두고 의욕이 떨어지면 과거에 17년간 우울증으로 허우적거리던 시절과 이후의 삶이 얼마나 달라졌는지를 떠올리고, 앞으로 누구도 나처럼 우울해하지 않게 해야겠다고 다짐한다.

❷ 헬스장에 가기 귀찮을 때는 아버지를 생각한다. 영국인인 아버지는 숀 코너리, 로저 무어와 어울려 다닌 전설적 인물이다. 아버지가 인생의 마지막에 15년간 세 번의 뇌졸중과 무서운 후유증을 견뎌야 했던 일은 무척 안타깝다. 아버지의 뇌졸중은 엉망인 식습관과 운동 부족으로 발병해 악화되었다. 아버지의 병에 대한 기억은 건강하게 챙겨 먹고 규칙적으로 운동하게 되는 내 가장 강력한 동기다.

❸ '파워포인트 발표 망치지 않는 법' 강의를 하기 싫어지면 아들 학교에서 있었던 미팅을 떠올린다. 그날 아들의 선생님이 하얀 배경에 작은 글자들이 흩뿌려진 끔찍한 파워포인트 슬라이드를 불러왔기 때문이다! 심지어 불을 끄고 모서리에 서서 빨간 레이저 포인터를 스크린 위로 휘두르며 단조롭게 발표를 진행하기까지 했다.

❹ 나는 내향적이라 새로운 사람들과의 만남을 앞두면 당장이라도 취소하고 싶을 정도로 늘 불안해한다. 하지만 두려워하는 대신에 질문을 던진다. '새로운 만남이 얼마나 재밌을까?' 하고. 과거에 새로운 사람들과 만났던 기분 좋은 기억을 떠올리기도 하며 말이다.

당장 필요한 동기를 샘솟게 하는 데 쓸 수 있을 정도로 강력한 감정적 이유를 만들려면, 거기에 구체적 감정이나 기억을 결부시켜야 한다. 방금 내가 예로 든 이유들이 전부 그렇다는 사실을 눈치챘을 것이다. 감정적 이유는 긍정적인 기억은 물론이고 부정적인 기억에서도 찾을 수 있다. 일단 찾았다면 그것이 연상시키는 감정들을 떠올리고, 마치 몸속에서 흐르는 감각이 느껴질 정도로 강도를 높여야 한다. 사람에 따라 쉬울 수도 있고 어려울 수도 있지만 누구나 할 수 있다.

감정적 이유를 마련하는 또 하나의 방법은 감정을 동요시키는 구체적 상황이나 장소에 자신을 노출시키는 것이다. 예를 하나 들어보자. 예전에 우리 집 아이들은 반려 토끼 두 마리를 간절히 원했지만 토끼를 들이는 데 필요한 돈을 모으지 못하고 있던 적이 있었다. 안타까운 상황이었다. 토끼를 기르면 규칙적으로 생활하기, 보살피기, 공감하기, 존중하기 등 반려동물을 키울 때 배우는 모든 것을 연습할 수 있으니 말이다.

그래서 나는 어느 토요일에 아기 토끼 두 마리를 집으로 데려와 며칠간 돌본 뒤 일요일에 다시 돌려보냈다. 그러자 감정적 이유를 맛본 아이들은 적극적으로 행동하기 시작했다! 3주 뒤, 아이들은 온갖 방법으로 모은 돈을 들고 주말 동안 데려왔던 토끼 두 마리를 사러 갔다. 처음에 토끼들을 돌려보낼 때 약간의 갈등이 있긴 했지만 효과가 좋은 방법이었다.

뭔가를 갖고 싶다면 갈망하는 대상을 가졌을 때의 기분을 맛보기 위해 발이라도 담가보자. 그러면 그때 맛본 기분이 감정적 이유가 되고, 목표에 이르기 위한 동기를 제공할 것이다.

2 ✴ 냉수욕하기

《응용생리학 저널European Journal of Applied Physiology》에 실린 연구에서 섭씨 14도의 찬물에 60분 동안 몸을 담근 참가자는 도파민이 최대 250퍼센트 증가하는 경험을 했다. 도파민은 60분 후 갑자기 확 올라간 게 아니라 점진적으로 증가했다. 더 짧은 시간이라도 찬물에 몸을 담그면 도파민과 엔도르핀이 증가해 기분이 좋아지고 에너지가 많아지며 집중력도 높아진다(구체적인 방법을 알고 싶다면 171쪽을 참고하자). 냉수욕이라는 스트레스 자극에 몸을 노출시키면 노르아드레날린이 분비되어 집중력이 향상되기 때문인데, 이때 노르아드레날린은 도파민이 어떤 효소를 만나 바뀌는 호르몬이다.

3 ✷ 비전 보드 만들기

정신의 힘은 생각보다 훨씬 위대하다. 휴가를 간다고 상상하기만 해도 살짝 흥분되지 않는가? 사고 싶은 새 핸드폰이나 자동차나 옷을 생각해도 마찬가지다. 그러면 기분이 좋아지고 갖기 위해 노력하고 싶어진다. 그러나 다른 생각을 떠올리기 시작하면 방금 흘러나온 도파민이 더는 같은 힘을 발휘하지 못한다. 이처럼 사람의 기억은 완벽하지 못하기에 우리에게는 '비전 보드'가 꼭 필요하다.

비전 보드를 만들기 위해서는 커다란 종이 한 장, 색색의 펜, 잘 드는 가위, 액자가 필요하다. 큰 종이에 꿈과 비전을 그린 그림들을 붙이는 것이다. 장차 되고 싶거나 창조하고 싶은 것을 연상시키는 구절과 인용문을 적고, 원하는 미래의 그림을 그려보자. 다 완성되면 액자에 끼워 침실이나 화장실 벽, 아니면 벽장 문 안쪽에 걸자. 그리고 아침마다 시간을 들여 비전 보드를 쳐다보자. 침대에서 막 일어났을 때 쳐다봐도 좋고 이를 닦는 동안 쳐다봐도 좋다. 비전 보드에 적은 기분들을 느껴보고 꿈과 목표를 음미해보자. 이러면 실시간으로 도파민이 흘러나오며, 말 그대로 의욕이 자라나고 솟아나는 활력을 느끼게 된다.

또 한 가지 좋은 전략은 비전 보드에서 한 가지 목표를 골라 그날 하루 동안 특별히 연습하고 집중해보는 것이다. 비전 보드에서 그날의 목표를 사진으로 찍어 핸드폰 바탕화면이나 잠금 화면으로 설정해서 하루 종일 언제 어디서나 조금씩 자극을 받자.

4 ✸ 꾸준함으로 추진력 얻기

우리는 어떤 활동을 시작하고 나면 추진력이 저절로 생겨나는 신비로운 현상을 익히 알고 있다. 추진력은 그 자체로 도파민을 생성해내는 듯하다. 그래서 억지로 일주일에 네 번씩 헬스장에 다녀오면서 평생 이렇게 자주 가겠다고 장담하곤 하지만, 병이 나거나 몇 주 동안 휴가를 가는 일이 생기면 다시 예전처럼 운동하기가 버거워진다.

간헐적으로 운동하기보다 헬스장에 정기적으로 다니면서 꾸준함의 효과를 알아차리기 시작하면 계속 운동하려는 의욕이 강해지는데, 바로 이 현상을 이용해 도파민 엔진에 연료를 공급할 수 있다. 운동 효과를 알아차렸을 때 느낀 좋은 기분을 다시 경험하기 위해서는 그저 다시 '시작하면 된다'는

사실을 이해하면 간단하다. 다시 운동을 시작하면 도파민이 분비되고, 그 결과 더 많은 도파민이 생성되고, 이 사이클이 계속 반복되어 도파민 엔진이 작동하는 것이다!

하지만 도파민의 유효 기한이 짧다는 사실을 잊지 말자. 활동과 활동 사이의 여백이 너무 길면 다시 추진력을 잃게 된다. 마지막으로, 활동을 대하는 태도도 크나큰 영향을 미친다. 어떤 경험이나 활동이 즐겁고 보람 있다고 스스로 확신했을 때 더 큰 만족을 느끼고, 심지어 더 강한 욕구를 갖게 되는 것처럼 말이다.

도파민 제조법 정리

천사의 칵테일은 두 종류의 도파민으로 만들 수 있다. 하나는 '빠른 도파민'이다. 초콜릿을 먹거나, 넋을 놓고 핸드폰을 보거나, 감자칩을 먹는 게 여기 해당하는데, 장기적으로 별 도움이 되지 않는 이런 활동은 도파민을 재빨리 분비시킨다. 물론 빠른 도파민을 약간 섞어 즐기는 일 정도는 괜찮다. 그러나 도파민 스태킹은 피해야 한다. 그보다는 빠른 도파민 자극원을 나누어 천천히 누리는 것이 더 나은 접근법이다. 빠른 도파민 자극은 조금만 즐기고, 동기를 외부 보상과 결부시키지 않도록 조심하자.

다른 하나는 '느린 도파민'인데, 이것이야말로 천사의 칵테일의 주재료여야 한다. 느린 도파민이란 진정으로 유익한 활동을 해 얻는 도파민 자극이다. 구체적인 예로는 학습, 운동, 창조적 활동, 사교 활동, 십자말풀이 등이 있다. 삶에서 난관을 마주쳤을 때 극복할 문제가 아닌 성장의 기회로 접근하는 것도 좋은 방법이다. 빠른 도파민 자극을 줄이고 나면 머지않아 느린 도파민을 향한 자연스러운 갈망이 되살아난다. 천사의 칵테일에 느린 도파민을 더 많이 배합하려면 나만의 감정적 이유들을 찾고, 냉수욕을 하고, 비전 보드를 만들고, 추진력을 얻어 의욕을 높여보자.

옥시토신

연결성과 인간다움 ✨

어느 저녁에 함께 길을 걷던 친구가 짧은 탄성을 지르며 노을을 가리킨다. 가만히 서서 매혹적인 하늘 풍경을 감상하다 보니 잠시 시간이 멈춘 듯하다. 호흡이 느긋해지고 깊어지고 안정되며, 예기치 않게 화합과 안녕을 느낀다. 아침에는 거들떠보지도 않은 바로 그 하늘인데 말이다. 이처럼 아름다운 꽃이나 멋진 풍경이나 아이가 난생처음으로 걷는 감동적인 모습을 보고 나면 기분이 변하곤 한다. 이런 경험은 '경외'의 감정으로, 마법 같은 위대함 앞에서 겸손해지는 현상을 뜻한다.

경외는 다른 감정과 구분되는 고유한 감각이다. 세로토닌과 도파민을 분비시킨다고 알려져 있는데, 나는 옥시토신을 다루는 이 장에서 경외의 감정을 살펴보고자 한다. 옥시토신은 나와 타인, 사물, 어떤 위대한 대상이 연결되어 있다는 감각을 형성하는 독특한 기능을 한다. 자신과 위대한 대상의 연결은 자연이나 우주와 교감하며 이루어진다. 종교 역시 그러한데, 결국 자신보다 커다란 존재에 대한 믿음이기 때문이다.

옥시토신은 뇌에서는 신경전달물질, 혈액에서는 호르몬

역할을 해 매우 다양한 기능을 한다. 하지만 여기서는 인간 심리에 중요한 기능 위주로 살펴볼 예정이라 천사의 칵테일에 옥시토신을 넣으면 좋은 이유를 설명하려 한다. 옥시토신은 놀랍다 못해 경이롭다! 지금 이 순간 존재한다는 느낌과 완전성을 안겨주며, 올바른 상황에서 신뢰, 연민, 연결성, 친절함을 갖도록 도와주는 물질이 바로 옥시토신이다.

거리에서 낯선 사람에게 다가가 껴안는 상황을 상상해보자. 그러면 상대방의 옥시토신이 증가해 우리를 믿고 공감하고 긴밀해지며 친절해질까? 아니다. 하지만 친구를 따뜻하게 위로하며 안아준다면 친구는 우리를 더욱 믿고 공감하고 연결된 느낌을 받으며 상냥해질 것이다. 이처럼 옥시토신은 상황과 사람에 따라 필요할 때가 있다. 물론 안타깝게도 모든 물질이 그렇듯 옥시토신에도 어두운 면이 있는데, 이건 나중에 다시 다루겠다. 우선은 옥시토신의 장점을 먼저 깊이 있게 살펴보고, 원할 때마다 분비시키는 방법을 알아보자.

석기시대의 덩컨을 다시 찾아가겠다. 2만 5000년 전의 어느 금요일, 이날은 덩컨에게 잊을 수 없는 날이 될 것이다. 덩컨은 평소처럼 매머드 엄니, 나뭇가지, 진흙으로 지은 소박한 오두막 안에 있다. 누운 채로 바깥에서 들려오는 빗소리를 들으며 지난주에 모은 빨간 사과 한 바구니를 흐뭇하게 쳐다보고 있다.

평화롭고 만족스러운 가운데, 누군가가 오두막 앞에 서

서 문을 두드리며 목청을 가다듬는 소리가 들린다. 덩컨은 숲에서 여러 가지 버섯을 따먹은 부작용으로 환청이 들리는 거라 생각한다. 그런데 이번에는 조금 다르다. 옅어지지 않고 더 심하게 계속되는 것이다. 그럴 리가 없는데! 다른 사람을 만나본 지 너무 오래되어서 사람이 어떻게 생겼는지조차 기억나지 않는 덩컨은 고민하다 짚으로 만든 침대에서 내려와 문을 연다. 그러자 비에 흠뻑 젖어 몹시 지치고 피곤해 보이는 한 여성이 서 있다. 그리고 그 여성은… 덩컨이 이제까지 본 사람 중에 가장 아름답다.

덩컨의 뇌에서 옥시토신이 분비되지 않았다면 그저 문을 닫고 침대로 돌아갔을 것이다. 하지만 옥시토신과 몇몇 물질 덕분에 덩컨은 힘든 상황에 처한 낯선 사람에게 연민을 느끼고, 즉시 오두막 안으로 데리고 들어와 모닥불 앞에 앉힌다. 며칠 간 두 사람은 블루베리 차와 사과 파이를 나눠 먹으며 이야기를 나눈다. 여성의 이름은 그레이스고, 몇 달 전에 길을 잃어 자기 부족의 품으로 돌아가지 못했다고 설명한다. 두 사람은 서로에 대해 알아갈수록 옥시토신이 계속 분비되고 유대감이 강해진다. 피부가 맞닿은 순간에는 더 많은 옥시토신이 분비되고, 어느 날 사랑에 빠져 스킨십이 진해지자 한층 많은 옥시토신이 분비된다.

아홉 달이 흘러 사랑스러운 두 자녀 엘시와 이보르가 태어나고, 우리의 조상 덩컨과 그레이스는 부모가 된다. 네 식구를 연결해주는 옥시토신은 견고한 유대를 형성한다. 이제 가족이 된 네 사람은 서로를 존중하고 사랑하며 무엇이든 경청한다. 옥시토신은 가족과 오두막의 관계, 삶의 터전과의 유대를 강화한다. 이들이 특정 장소와 그곳에서의 모든 기억을 사랑하게 된 것은 옥시토신 덕분이다.

인간관계를 내 뜻대로

옥시토신의 양이 적어졌을 때 인간관계에서 오해, 갈등, 언쟁이 더 자주 생긴다는 사실을 알고 있는가? 소통하지 않고 신체 접촉도 하지 않고 상대를 위해 시간도 내지 않을 때 이런 일이 벌어진다. 하지만 반대의 경우에는 완전히 다른 현상이 나타난다. 이와 관련해 아주 고전적이면서 재밌는 조언이 있다. '섹스하기 전에 중요한 결정을 내리지 말라. 섹스 후에도!' 미국 플로리다주립대학교의 앤드리아 L. 멜처가 수행한 연구에 따르면 섹스 후 두 사람은 서로의 관계가 크게 나아지는 걸 경험했고, 그 효과는 최대 48시간까지 지속된다는 사실이 발견되었다. 이건 최소한 48시간마다 섹스를 하는 게 좋다는 과학적으로 정립된 근거다!

　　섹스하는 동안 뇌에서는 옥시토신을 비롯한 여러 물질이 다량 분비된다. 그만큼 강력하진 않더라도 오래 껴안거나, 키스하거나, 마사지를 하거나, 만지거나, 시선이 마주치거나, 친절한 제스처를 하거나, 적극적으로 경청만 해도 비슷한 현상이 벌어진다. 여기서 방금 말한 일곱 가지를 연인 관계에 적용하기만 해도 곧바로 효과를 볼 수 있을 정도다. 수차례 경험했겠지만 건강한 인간관계는 삶 전반에 긍정적인 영향을 주는 법이다.

사람들이 "어떻게 하면 좋은 친구가 될 수 있죠?" "어떻게 해야 인기 있어지나요?" "함께 시간을 보내고 싶은 사람이 되려면 어떻게 해야 할까요?"라고 물어보면 나는 간단히 대답한다. 다른 사람의 이야기를 가장 잘 들어주고 남에게 관심 가지는 방법을 배우라고 말이다. 경험상 적극적으로 경청하고 배려해서 많은 옥시토신을 분비시키는 사람이 가장 인기가 많았다. 그런 사람을 만나면 강렬하게 인상에 남아 절대 잊을 수 없다. 잊기는커녕 걱정하고 존경하게 된다. 잠시 친구들을 떠올려보자. 아마 좋은 이야기든 나쁜 이야기든 속내를 드러냈을 때 진정으로 관심을 가져주는 사람을 몇 명 꼽을 수 있을 것이다. 그리고 그 사람을 생각하면 분명 얼굴에 미소가 떠오를 터다.

사랑하는 사람과 보내는 시간도 있겠지만 우리는 일터에서 상당히 많은 시간을 보낸다. 옥시토신은 일터에서도 큰 역할을 하고 사업의 성공에 영향을 미치기도 한다. 회사에서 동료끼리 서로 아끼고 도우며 애사심을 키우면 자연스레 옥시토신 수치와 회사 수익이 둘 다 높아지기 마련이다.

이제 옥시토신이 우리의 안녕에 미치는 심리적 효과를 이해했으니, 다시 칵테일을 만드는 바텐더가 되어 일상생활에서 옥시토신을 많이 분비시키는 방법을 배울 차례다. 지금의 삶 속에서 옥시토신을 어떻게 사용하고 있는지 생각해보고, 아직 활용하고 있지 않다면 어떻게 시작하면 좋을지도 알아보자.

1 ✻ 잠시 멈춰 경외감 느끼기

이 장의 도입에서 다룬 경외라는 감정에서 출발해보자. 경외는 자신보다 위대하고 이해하기 어려운 어떤 대상의 존재를 알아차렸을 때 나타나는 감정적 반응이다. 예술과 음악의 강렬한 경험이 경외를 유발할 수 있고, 더 흔하게는 자연이 경외를 유발한다. 콘서트나 대규모 정치적 시위처럼 강렬한 집단적 경험도 경외를 불러일으킨다.

여기서는 숲에서 탐색을 시작해보겠다. 거대한 참나무, 느릅나무, 단풍나무가 있고 첫 가을 낙엽이 막 땅을 덮기 시작한 숲을 상상해보자. 호기심 많은 딱따구리 한 마리가 나무들 사이로 활강한다. 미국 캘리포니아대학교 샌프란시스코 캠퍼스의 버지니아 E. 스텀 교수는 연구를 진행하며 참가자들을 이런 숲에서 날마다 15분씩 걷게 했다. 참가자들은 8주 동안 숲을 산책하며 정해진 시각에 셀카를 찍었다. 첫 번째 그룹은 다음 지시가 적힌 종이도 전달받았다. '산책하는 동안 눈에 보이는 광경을 마치 처음 보고 있다고 상상하며 신선하게 보려고 노력하세요. 잠시 주변의 광대함을 음미해보는 겁니다. 탁 트인 장소의 넓게 펼쳐진 풍경을 바라보거나 나뭇잎이나 꽃의 미세한 구조물을 자세히 살피면서요.'

두 번째 그룹은 이런 설명 없이 걷고 셀카를 찍기만 하면 되었다. 그리고 두 그룹 참가자 전원은 산책할 때마다 그 산책을 평가하는 설문지를 작성했다. 결과적으로 구체적인 지시를 받은 그룹은 경외를 느끼는 능력이 점점 향상되었고, 산책을 거듭할수록 경외심이 커졌다고 보고했다. 또 두 번째 그룹보다 연민과 감사 같은 친사회적 감정도 늘어났다.

이 연구에서 내가 특히 흥미를 느낀 지점은 첫 번째 그룹 참가자들이 셀카를 새로운 방식으로 찍기 시작했다는 사실이다. 사진은 처음에 비해 두 가지 측면이 달라졌다. 하나는 참가자의 얼굴과 몸이 사진에서 차지하는 비중이 점점 작아졌다는 것이고, 또 하나는 참가자들의 얼굴에 진짜 미소가 자주 나타났다는 것이다. 스텀은 이렇게 썼다. **"경외의 대표적 특징 중 하나가 '작아지는 자아'다. 자신과 자신을 둘러싼 커다란 세계의 비율을 건강하게 인식하는 것이다."** 이를 증명하듯 경외를 느껴보라는 지시받은 첫 번째 그룹 참가자들의 생각과 사고방식은 자기중심적이고 문제에 몰두해 있다가 전체론적이며 감사하는 방향으로 전환되었다.

그렇다면 경외를 활용해 옥시토신이 포함된 천사의 칵테일을 일상생활에 더하는 방법은 무엇일까? 어렵지 않다. 사소한 일상에 깃든 위대함을 인식하면 된다. 돌멩이 하나가 생겨나기까지의 과정, 새들이 나는 모습, 가을에 각각의 나뭇잎이 떨어지는 고유한 모양새, 눈송이 하나하나의 유일무이함에 마음껏 놀라워하는 연습을 하자. 그런데 인간에게는 시각이 압도적인 감각이기 때문에 시각적 인상에만 초점을 맞추는 경향이 있다. 우리를 둘러싼 모든 경이롭고 독특한 현상의 냄새, 소리, 촉감을 경험하고 나만의 생각을 정리하는 것도 잊지 말자.

경외와 관련된 흥미로운 연구를 하나 더 소개하겠다. 이 연구는 재향군인 72명과 방황하던 청년 52명에게 래프팅 기회를 제공했고, 래프팅을 하는 동안 경외감을 의식하도록 권장했다. 그러고서 경외 경험 지시를 받지 않고 래프팅을 한 그룹과 결과를 비교했다. 이들에게는 어떤 변화가 있었을까? 경외 관련 지시를 받은 그룹은 외상 후 스트레스 장애가 29퍼센트, 스트레스가 21퍼센트 감소했고 사회적 관계가 10퍼센트 개선되었으며 삶에 대한 만족감을 9퍼센트, 행복감을 8퍼센트 더 느꼈다고 보고했다. 상당히 놀라운 변화다. 일부러 잠시 멈춰서 경외를 경험하려고 시도했다는 딱 한 가지 차이가 일으킨 변화이기에 더욱 그렇다. 여기서 중요한 사실 하나를 짚고 넘어가겠다. 놀랍게도 건축물처럼 인간이 창조한 것에 경외를 느껴보라고 권한 연구들에서는 효과가 전반적으로 훨씬 약했다.

2 ✳ 따뜻한 기억으로 마음 가다듬기

천사의 칵테일에 다량의 옥시토신을 즉시 첨가하는 멋진 방법이 있다. 회의, 작업, 토론 등 바쁘게 일하고 집으로 돌아온 날에는 차 안이나 현관문 앞에 잠깐 멈춰보는 것이다. 그리고 핸드폰을 켜서 귀여운 아기 고양이, 사람들이 서로 돕는 모습, 사랑하는 사람처럼 따뜻함을 불러일으키는 무언가가 나오는 영상을 보자. 몇 분이면 충분하다. 그러고 나서 집으로 들어가자.

 이 행동이 만드는 차이는 엄청나다. 코르티솔과 빠른 도파민이 많이 든 악마의 칵테일에 취한 채로 불쑥 집에 들어가면 가족들이 반갑게 맞이하는 모습도, 걱정스레 건네는 말도 못 알아차릴지 모른다. 하지만 즐거운 영상을 보고 전략적으로 옥시토신을 살짝 분비하면 진정으로 가족과 소통하며 이야기를 나눌 수 있다. 식구들도 그 차이를 느낄 것이다. 사람들은 무엇보다도 시간이 가장 가치 있다고 말하지만, 나는 지

금 이 순간에 존재하는 일이 가장 소중하다고 생각한다.

　이 방법은 직장에서도 유용하다. 특히 관리자나 영업 사원으로 일하고 있는 사람이라면 효과가 더욱 좋다. 옥시토신을 분비시키면 회의, 발표, 협상처럼 스트레스 받는 상황에서 상당한 변화를 이끌어낼 수 있다. 아마 지금부터 예시로 들 상황은 꽤나 익숙할 것이다.

　발표 자료를 만드는 데 무려 열두 시간을 들였고, 그만큼 완벽하게 준비했다. 벨트도 단정히 차고 빛나는 구두까지 신었기에 좋은 인상을 줄 준비가 되었다는 느낌이 든다. 그런데 연단에 발을 올리는 순간 혀가 굳고 뇌가 멈춰버린다. 완벽하게 연습한 대본에서 단 한 단어도 생각나질 않는 것이다! 비지땀까지 흘리며 발표를 겨우 끝내고, 무엇을 말했는지 모르는 상태로 연단에서 내려온다. 무슨 일이 일어난 걸까?

　코르티솔과 아드레날린이 과다 분비되는 바람에 뇌가 눈앞의 청중을 당장 달려들어 목을 물어뜯을 수도 있는 사자 무리로 인식해버린 것이다. 발표 전에 뇌에 옥시토신을 조금 분비시켰더라면 머릿속이 백지가 되는 상황에 더 잘 대처할 수 있었을 것이다. 옥시토신에는 코르티솔 양을 줄이고 혈압을 낮추는 대단한 장점이 있기 때문이다.

　강연을 하는 사람으로서 나는 그간 수천 번 연단에 섰다. 내가 직접 경험한 것뿐만 아니라 다른 수천 명의 연사들 강연 방식도 분석해보았는데, 많은 연사가 대본을 다시 훑어보거나 청중이 물어볼 만한 질문을 대비하는 데 강연 전 마지막 몇 분을 쓴다. 하지만 결국은 불필요한 스트레스만 늘어날 뿐이다. 마지막 10분은 강연 준비 대신 바람직한 정신 상태로 진입하는 데 쓰기를 권한다.

나는 보통 그 10분 동안 딸이 막 일곱 살이 되었을 때의 사진을 바라본다. 사진 속 딸은 대리석 동상의 심장도 녹여버릴 미소를 환하게 지으며 들판을 가로질러 뛰고 있다. 사진을 보고 나면 나 자신과 청중 모두 지금 이 순간에 존재하기 쉬운 상태로 연단에 오를 수 있다. 몸에 코르티솔과 스트레스가 가득할 때보다 옥시토신이 차 있을 때 발표 능력과 내용을 기억하는 능력이 한층 향상된다. 스트레스가 심하면 단기 기억에 접근이 제한되는 경향이 있다. 나는 이 과정을 수없이 되풀이했기에 이제는 딸의 사진을 생각하기만 해도 눈앞에 안개 같은 막이 생기면서 따스함이라는 푹신한 이불에 둘러싸인다.

3 ✳ 신체적으로 접촉하기

두 사람 사이의 첫 신체 접촉은 수컷 공작새가 교미 상대를 유혹하기 위해 깃털을 화려하게 뽐내는 행동과 그리 다르지 않다. 인간이 뽐내는 모습은 이에 비해 어색하고 효율이 떨어지지만 오히려 더 재밌다.

낯선 사람을 처음 만나면 우리는 거리를 유지한다. 고개 숙여 인사하거나 가끔 대담해져봤자 팔을 뻗어 오랫동안 악수를 하는 정도다. 서로가 친해지는 게 좋다는 걸 깨달으면 다음에 만날 땐 좀 더 몸을 앞으로 기울이고 더 부드럽게 악수할 수도 있다. 상호작용이 점차 진행되며 세 번째로 만나면 둘 중 한쪽이 용기를 내 상대의 어깨나 팔을 살짝 만질 수도 있고, 함께 점심을 먹을 때 더 가까이 앉을 수도 있다. 몇 주가 지나면 만나자마자 껴안으며 인사하고 조금씩 더 친밀해질 것이다. 마치 왈츠처럼 단계별로 이루어지는 '접촉의 춤' 덕분에 두 사람은 가까워지고, 상호 간의 신뢰를 다지며 함께 뭔가를 하는 법을 배운다. 물론 이 춤은 문화권에 따라 조금씩 다르지만 어디서든 주재료는 점진적인 신체적 친밀함과 관심이다.

와인이나 낭만적인 의도는 전혀 필요하지 않다. 이 과정은 모든 종류의 인간관계에서 사람들이 처음 만났을 때 통과하는 절차다. 누군가와 신체를 접촉할 때 옥시토신이 분비된다는 사실, 그리고 이것이 우리가 잠재의식 속에서 갈망하는 사실이라는 걸 고려하면 그리 이상하지 않다. 친한 친구끼리 20초 동안 껴안고 나서 눈을 빤히 바라보는 건 바람직하고 환영받는 행동이지 않은가.

코로나19의 세계적 대유행이 절정에 다다랐을 때, 어떤 사람은 다른 이보다 더 심하게 고립 상황에 영향을 받았다. 당시 가게에서 옥시토신을 팔았다면 금세 동이 났을 것이다. 코로나19는 현대에 들어서 전례 없는 강도의 고립을 집단적으로 경험하게 한 사건이었다. 여러 연구가 이 상황이 인간의 정신 건강에 좋지 않음을 보여주었고, 실제로 사람과의 접촉이 줄어들면서 불안과 우울 같은 정신적 문제가 늘어났다.

하지만 이게 다가 아니다. 옥시토신의 중요성에 관한 또 하나의 연구인 미국 카네기멜론대학교 명예교수 셸던 코언의 연구를 살펴보자. 누군가가 어느 날 전화를 걸어서 학문 연구를 위해 일반 감기 바이러스에 감염시켜도 되겠냐고 물어본다면 조심스럽고 회의적으로 대답할 수밖에 없지 않을까? 그럼에도 연구팀은 이 방식으로 참가자를 406명이나 모집했다.

참가자들은 2주 동안 인간관계에서 경험한 갈등 횟수와 포옹한 횟수를 세서 설문에 적었다. 그리고 연구팀은 406명 전원을 감기 바이러스에 노출시켰다. 그러자 놀랍게도 포옹을 많이 한 참가자는 감기에 덜 걸렸고, 걸리더라도 증상이 그리 심하지 않았다. 반대로 포옹을 덜 하고 갈등을 더 많이 경험한 참가자는 감기를 더 심하게 앓았다. 코요테를 대상으로 했을 때도 비슷한 결과가 나왔다. 이 연구들은 고립 상태에 놓여 옥시토신이 적어지면 우리 몸을 이루는 세포가 정말로 죽을 수 있다는 걸 의미한다.

==접촉으로 옥시토신 양을 늘리려면 그저 누군가와 가까워지려 애쓰고, 친구들과 시간을 보내고, 남들에게 다가가고, 사람들과 안거나 손을 잡으면 된다.== 동물과 교류해도 거의 같은 효과를 얻을 수 있다. 이와 관련된 연구들은 대부분 개를 대상으로 했지만, 정말 친한 친구라 생각한다면 어떤 동물이든 같은 결과가 나올 것이다. 누군가와도 함께 지낼 기회가 없다면 적당한 세기의 정지 압력을 피부에 가해 감각신경을 활성화시켜서 누군가가 나를 만진다는 감각을 느끼는 것도 방법이다.

케르스틴 우브네스 모베르그의 연구에 따르면 묵직한 이불을 덮고 자는 방법도 있다. 추위에 떨다가 갓 세탁한 깨끗하고 산뜻한 커버와 이불을 간 따뜻한 침대 속으로 파고들 때의 아늑한 기분을 아는가? 내가 아는 한 이 상황이 옥시토신을 분비한다고 증명한 연구는 아직 없지만, 이 순간의 기분은 다른 상황에서 옥시토신이 분비된다고 느낄 때와 매우 흡사하다. 레오 프루임봄과 대니얼 리헤이스의 연구는 이 이론이 믿을 만하다는 걸 보여주는데, 이들은 뜨거운 샤워를 할 때처럼 열기를 느낄 때 옥시토신이 분비된다는 사실을 밝혀냈다. 그렇다면 이불은 피부의 감각신경을 자극하고 체온을 보존해주니 방금 말한 아늑한 기분은 적어도 부분적으로 옥시토신 때문이 맞을 것이다.

4 ✶ 조건 없는 친절 베풀기

옥시토신을 치솟게 해야 할 때 내가 가장 좋아하는 재료는 바로 상냥함이다. 우리가 익히 아는 친절이라는 행위의 훌륭한 점은 스스로 친절을 강화하는 선순환을 만들어내 더욱 친절해지고 싶어진다는 것이다. 심리학자 호르헤 A. 바라사와 신경경제학자 폴 J. 자크의 연구를 보자. 첫 번째 그룹은 감정을 자극하지 않는 영상을 보았고, 두 번째 그룹은 위기에 처한 사람들의 모습이나 서로를 배려하는 모습처럼 연민을 불러일으키는 영상을 보았다. 결과는 예상할 수 있다시피 두 번째 그룹 참가자들의 옥시토신이 베이스라인보다 47퍼센트 높았다.

영업 사원들은 내게 직설적으로 이렇게 말하곤 했다.

"선생님이 중요한 내용을 너무 많이 공유하셔서 고객들에게 강의를 들으라고 선전하고 납득시킬 방법이 없습니다!"

하지만 나는 정반대라고 생각한다. 중요한 내용들을 공유하는 자세야말로 내가 연사로서 성공한 발판이라고 본다. **그저 나누기 위해 나누는 것, 그리고 절대 보답을 바라지 않는 태도는 강력한 전략이다.**

예전에 친구와 함께 낚시 가게를 운영한 적이 있다. 낚시를 워낙 좋아했기에 '낚시 장비를 파는 가게를 열면 어떨까?' 생각한 것이다. 강의만 하다 가게를 연 건 커다란 변화였다.

그렇게 우리는 업계 동향을 살피기 위해 낚시 박람회에 참가했고, 재밌게도 거기서 상당히 독특한 경험을 하고 왔다.

박람회는 비현실적으로 아름다운 스웨덴 북부에서 개최되었다. 첫날 우리는 부스에 낚시 장비를 구경하러 온 한 남성과 말을 트게 되었다. 그런데 자연스레 대화를 나누며 저녁에 팀원들을 데려갈 만한 좋은 낚시터가 근처에 있는지 묻자 갑자기 그의 표정이 태양처럼 환해지는 게 아닌가! 남성은 자기가 가장 좋아하는 낚시 장소로 가는 길을 열정적으로 설명했는데, 우리가 알아듣지 못하자 친히 지도까지 그려주었다.

그렇게 끝날 시간인 다섯 시가 되었을 때, 남성은 우리 부스로 돌아와 말했다.

"제가 모셔다드릴게요. 아까 그린 지도는 알아보기 힘드실 거예요."

그는 우리를 위해 자기 집과 전혀 다른 방향으로 차를 몰아 25킬로미터나 되는 거리를 운전했고, 무사히 도착한 뒤에는 이렇게 말했다.

"배가 없으실 테니 제 배를 쓰세요. 열쇠는 저기 있어요. 돌아와서 같은 위치에 두시면 돼요."

그런데 그게 끝이 아니었다.

"다음에 또 오시면 제 별장에서 묵으세요. 박람회 기간에는 아무도 안 쓰니까요. 숙박비는 무료입니다!"

나는 어쩜 그렇게 친절한지 물었고, 그는 웃으며 대답

했다.

"전 모든 사람에게 친절해요. 친절하면 서로가 기분이 좋잖아요. 불로장생약 같아요."

그 남성에 대한 기억은 마음에 새겨졌고, 나는 친절이 불로장생약이라는 말을 이해하기 시작했다. 이 마법의 묘약에는 도파민도 일정 역할을 하지만, 옥시토신도 분명 포함되어 있다. 남을 도울 때 우리 몸의 옥시토신 양이 크게 증가해서 스트레스가 줄어들고 건강해진다는 연구 결과들도 있다. 흥미롭게도 인간의 옥시토신 양은 나이가 들수록 자연적으로 증가한다. 일반적으로 나이가 들수록 남을 더 도와준다는 뜻이다.

5 ✶ 서로 시선 맞추기

사회심리학자 아서 에런은 실험 참가자에게 10분 동안 모르는 사람을 향해 친밀한 사이에서 할 법한 질문들을 던지게 했고, 4분 동안 서로 눈을 바라보게 했다. 그러자 일부 참가자들은 상대방을 향한 사랑의 감정을 발견했고, 어떤 연인은 6개월 후 결혼까지 했다.

서로 눈을 바라보면 옥시토신이 분비된다는 사실은 그리 놀랍지 않을지도 모른다. 동물과의 시선 맞춤이 비슷한 효과를 낸다는 사실도 짐작할 수 있겠다. 그런데 이 현상이 실제로 만난 사람이 아니라 영상을 통해서도 가능하다면 어떨까? 핀란드의 탐페레대학교에서 수행한 한 연구 결과를 보면, 영상을 매개로 눈을 맞추더라도 실제로 만났을 때와 비슷한 심리 효과를 냈다. 다만 라이브 영상이어야만 가능했다.

코로나19가 세계적으로 유행할 때, 나는 전 세계 사람들에게 디지털 공간에서 강의하고 발표하고 회의를 주관하는 방법에 관한 강의를 수백 번 진행했다. 강의를 할 땐 종종 이런 농담을 던지곤 했다.

"오늘은 콧털이 보이는 앵글 열두 개, 이마 영상 여덟 개, 귀지 분석 앵글 다섯 개, 카메라 방향에 대해 생각해보신 분은 두 분 계시네요."

내가 말한 건 수강생들이 웹캠을 설치한 각도였다. 웹캠을 적절하게 설치한 사람은 한 번 강의할 때 평균 두 명 정도밖에 되지 않았다.

웹캠 각도를 잘 맞춰 설치한 사람들은 나머지 수강생들과 어떻게 달랐을까? 이들은 시선과 마주 보는 방향으로 카메라를 설치했고 조명으로 얼굴에 따뜻한 빛을 비추었다. 렌즈를 똑바로 바라보는 이들에게선 생기가 느껴졌다. 나는 아까처럼 말하고 나서 수강생 전원에게 10분 동안 카메라 위치를 조정해달라고 부탁했다. 별거 아닌 것 같아 보이지만 이 부탁이 가져다준 변화는 놀라웠다! 사람들이 서로 눈을 바라보게 되자 분위기가 완전히 달라진 것이다.

옥시토신을 늘리는 약이 있는지 자주 질문을 받는다. 엑스터시 같은 마약을 하면 분비되는 주요 물질 중에 옥시토신이 있긴 하다. 하지만 마약으로 얻은 효과는 지속되지 않으며 건강에 해로울 뿐이다. 약물로 옥시토신을 분비시키는 방법도 있지만, 나는 뇌의 능력을 활용하는 방법을 배우는 게 더 낫다고 생각한다. 자연적인 방법으로 옥시토신을 분비시키면 혈압이 낮아지고, 코르티솔 수치가 내려가고, 스트레스를 견디는 능력이 향상되고, 통증도 줄어들고, 치료 기간이 단축되며, 타인의 표정이나 어조를 더 잘 파악하게 되고, 다른 사람들과 더 많은 시간을 보내고 싶어지는 장기적이고 친사회적인 효과를 얻을 수 있다. 그러기 위해서는 주위 사람들과 끈끈한 관계를 맺고 좋아하는 사람들과 시간을 보내면 된다!

6 ✶ 음악을 들으며 내면에 집중하기

왜 때때로 잔잔한 음악을 듣는지 생각해본 적 있는가? 여러 이유가 있겠지만 음악이 필요하다는 걸 몸이 먼저 깨닫기도 한다. 카롤린스카연구소의 간호학 교수 울리카 닐손이 수행한 연구에 따르면 30분 동안 잔잔한 음악을 듣는 간단한 행동은 옥시토신 수치를 높여 수술받은 환자를 빠르게 회복시킬 수 있다. 즉 스트레스를 줄이고 잘 회복하고 싶을 때마다 잔잔한 음악을 들으면 되는 것이다.

한 걸음 나아가서 음악으로 더 많은 옥시토신을 분비하고 싶다면 직접 노래를 부르면 된다! 노래를 하면 옥시토신 양이 많아진다. 스웨덴 움살라대학교의 크리스티나 그레이프 연구팀에 따르면 아마추어든 전문가든 똑같이 옥시토신이 늘어난다. 아마추어 그룹과 전문가 그룹에게 노래한 후 느끼는 행복감을 평가해달라고 하자, 아마추어는 더 행복하고 의기양양해졌다 보고했으며 전문가는 그렇지 않다고 보고했다. 전문 가수는 성공적인 공연을 하는 데 중점을 두었기에 코르티솔이 더 많이 분비된 반면, 아마추어는 자신을 표현하는 데 집중했으므로 코르티솔은 오히려 준 것이다. 하지만 이전보다 집중력이 높아지고 긴장이 풀린 건 양쪽 모두의 공통점이었다.

이처럼 작은 태도의 차이라도 크나큰 변화를 가져올 수 있다. 마음가짐이 옥시토신의 효과와 코르티솔 양에 영향을 주는 것이다! 나로 따지자면 강연을 할 때 성과에 초점을 맞춘다면 즐거움을 우위에 둔 마음가짐으로 강연할 때와 완전히 다른 경험을 하게 될 테다. 그간 경험한 바로는 스스로 즐기는 데 집중하면 저절로 멋진 강연을 할 수 있다. 하지만 강연을 잘하는 데 초점을 맞추면 부수 효과로 따라오는 즐거움을 얻을 수 없다. 그 대신 무대 공포증과 스트레스가 더해질 순 있겠지만 말이다. 그러니 보너스로 이런 조언을 해주고 싶다. 활동 자체를 즐기고 갖가지 방법으로 신나게 진행하는 연습을 해보는 것이다. 그러면 자동으로 효과적이고 훌륭한 결과를 얻게 된다.

7 ✴ 열기와 냉기 느끼기

몸이 따뜻할 때도 옥시토신이 나오고, 차가울 때도 옥시토신이 나온다는 사실이 모순처럼 느껴질 수 있다. 하지만 사실이다! 옥시토신은 따뜻한 탕에서 목욕을 하거나, 사우나에 들어가거나, 바람 부는 영하의 날씨에 따뜻한 차 안으로 들어갈 때 분비된다. 이 상황들에는 한 가지 공통점이 있는데, 바로 안심하고 긴장을 풀게 된다는 것이다.

사실 뜨거운 사우나는 몸에 많은 스트레스를 준다. 차가운 냉수욕도 마찬가지다. 사우나에 들어가거나 얼음물에 몸을 담가 스트레스를 받은 상태에서는 긴장을 풀어줄 뭔가가 간절해진다. 바로 그 역할을 하기 위해 스트레스 상황에서 옥시토신이 분비된다고 알려져 있다. 극도의 냉기나 열기 때문에 아드레날린과 노르아드레날린이 치솟아 스트레스 반응이 강렬해졌다가, 옥시토신이 늘어나면서 긴장이 풀리는 것이다.

8 ✳ 감사하는 마음 갖기

감사는 마술에 가까운 위력을 지닌 감정이다. 행복감을 높여주고, 스트레스를 줄여주고, 상처와 질병을 회복하는 데 도움을 주기도 한다. 같은 호텔에 체크인하는 손님 세 명을 예로 들어 각기 다른 상황에서 감사하는 태도가 어떻게 다른지 살펴보자.

첫 번째 손님 A는 감사할 줄 모르는 사람이고 주변 모든 것에서 흠을 잡아낸다. 호텔에 도착한 A는 전기차 충전소에서 줄을 서느라 10분 동안 기다려야 해 짜증이 났다. 겨우 자리가 나 차를 충전소에 연결해둔 뒤 호텔로 들어오는데 회전문이 너무 천천히 움직여서 어깨가 부딪혔다. 프론트에 도착하자 또 줄을 서야 하는 바람에 다시 10분을 기다려야 했다. 기다리는 동안 A는 줄곧 호텔 내부 구조와 배치가 엉망이고, 주변 어린이들이 소란스럽고, 어깨가 많이 아프다는 생각을 한다. 심지어 엘리베이터가 고장 나서 호실까지 계단으로 올라가야 한다. A는 혼잣말을 한다. "이러려고 내가 이 돈을 냈나?"

두 번째 손님 B는 중립적 감정 상태를 유지하며 불교 철학을 구현하는 인물이다. A처럼 전기차 충전소에서 차례를 기다렸고, 회전문이 느리게 움직여서 어깨를 부딪혔고, 리셉션에서 줄을 섰고, 계단으로 두 층을 올라갔지만 이 모든 것을 부정적으로나 긍정적으로 평가하지 않고 그냥 받아들인다. 방문을 열자 방금 있었던 일들은 잊어버린다. 있는 그대로를 수용하는 태도 덕분에 기분이 좋다.

세 번째 손님 C는 호텔에 도착해서 기뻐하며 외친다. "와, 전기차 충전소가 있네! 운이 좋다." 충전하는 동안은 100퍼센트 충전된 채로 내일 떠날 수 있을 거란 생각에 즐거워한다. 호텔에 들어가면서 느리게 움직이는 회전문에 어깨를 부딪히지만, 너무 서두르지 말라는 신호라고 생각하고 그저 웃으며 감사한다. 호텔에 들어가자 로비부터 정말 멋지고 레스토랑에서 풍겨오는 냄새가 기분 좋게 입맛을 돋운다고 생각하면서 벽에 붙은 그림, 건축 요소, 색의 조화와 가구들을 하나씩 감상하며 감탄한다. C는 내부를 구경하느라 10분이나 줄을 선지도 몰랐고, 뒤늦은 직원의 안내에도 고마워하며 열쇠를 받아 들고 엘리베이터로 걸어간다. 엘리베이터가 고장 난 것을 보곤 사람들이 대개 게을러서 항상 계단 대신 에스컬레이터를 택한다는 이야기를 떠올린다. 그리고 웃으면서 혼잣말을 한다. "잘됐네. 오늘은 계단 운동 좀 해야지!" 그렇게 방에 도착한 C는 풍부한 옥시토신이 가져다준 감탄, 감사, 행복, 즐거움으로 천사의 칵테일을 듬뿍 마신 상태가 된다.

대부분의 연구 결과는 다양한 상황에서 B와 C처럼 반응하도록 마음을 훈련하면 더 행복한 삶을 살 수 있다는 걸 보여준다. 좋은지 나쁜지 따지지 않고 있는 그대로 받아들이는

불교적 마음가짐은 그야말로 환상적이다! 특히 성공한 기분과 실패한 기분 사이를 빠르게 오락가락하는 상황에서 유용하다. SNS를 예로 들 수 있다. 게시물을 올렸는데 반응이 별로 없으면 기분이 가라앉고, 반응이 좋으면 기분이 매우 좋아지지 않는가. 하지만 이렇게 타인의 반응에 강하게 휘둘리면 불쾌한 감정의 롤러코스터를 타게 된다. 불교적 마음가짐은 이럴 때 도움이 된다. 아니면 C를 따라 할 수도 있다. 남들 반응에 집중하기보다 사진을 찍으며 느낀 재미를 강조하는 것이다. 그러면 타인의 비판 때문에 생기는 부정적 감정과 거리를 둘 수 있다.

그런데 A는 어떤가? A처럼 행동하면 아무런 장점이 없을까? 거듭된 부정적 행동과 감사하지 않는 마음이 건강에 도움이 된다는 과학 연구는 나이가 들어 머리카락이 하얗게 셀 때까지 찾을 수 없을 것이다. 중립적이거나 긍정적인 반응, 또는 중립과 긍정의 조합은 더 나은 결정을 내리게 하고, 기분을 좋아지게 하고, 인간관계를 개선하고, 병도 덜 앓게 하며, 오래 살게 하는 등 삶에서 중요한 모든 측면을 나아지게 한다.

우울한 생각에 빠져 허우적거리던 시절의 나는 기본적으로 감사할 줄 몰랐다. 항상 모든 것에서 결점을 찾으려 했고, 실제로 찾아냈다. 돌이켜보면 이런 마음가짐이 우울의 구렁텅이로 끌고 간 게 명백하다. 날마다 부정적인 생각들을 토해냈고, 심한 스트레스 상태에 놓인 탓에 세로토닌 양이 계속 줄어들어 툭하면 몸에 염증이 생기곤 했다.

옥시토신은 어땠을까? 솔직히 말하자면 옥시토신도 거의 없었다. 그때 나에게 옥시토신을 분비시키는 유일한 원천은 아내와의 신체적 친밀함이었는데, 상태가 이러니 옥시토신 공급을 타인에게 완전히 의존하게 되었다. 당시에는 무지했지만 이런 식의 의존은 낭만적 관계에서 어느 쪽에도 유쾌한 일이 아니다. 낭만적 관계는 상호적이며 조건이 없어야 한다. 다시 말해서 나는 내 상황을 악화시키고 있었다.

긴 여정이 필요했지만 나는 결국 감사함을 느끼는 연습을 시작했다. 스쳐 지나가는 풍경과 사물, 사람, 주변에서 벌어지는 크고 작은 일, 내가 이뤄낸 성취, 그리고 나 자신에게 감사하는 데 초점을 맞춘 명상을 시도한 것이다. 날마다 일기에 그날 감사했던 일을 세 가지씩 적었다. 시간이 지난 뒤에는 침대에 누워 생각하기만 해도 글로 적는 것만큼이나 효과가 있었다. 7년이 지난 지금도 나는 여전히 아침에 한 번, 저녁에 한 번 감사하는 연습을 한다. 예전과 비교하면 지금의 삶은 감사로 가득하지만 다시 스트레스 상황이 닥치면 오래전의 마음이 되살아나기에, 그럴 땐 적극적으로 마음을 억누르며 스스로에게 이렇게 질문한다. "나는 무엇에 감사하는가?"

9 ✵ 생각의 근원 찾기

삶을 하나의 이야기라고, 한 사람의 희노애락을 담아 완성한 서사라고 생각해보자. 우리 뇌 속에는 저마다 스스로 되풀이하는 수많은 작은 이야기가 가득하다. 모든 만남과 사건이 이야기다. 이 이야기들과 옥시토신은 밀접히 연관되어 있다.

공감 가는 이야기를 들으면 옥시토신이 분비되고, 스트레스를 유발하는 이야기를 들으면 코르티솔이 분비된다. 이때 이야기하는 방식인 스토리텔링 기술은 감정을 만들어내는 데 큰 역할을 한다. 어떤 사건을 수없이 되풀이해 떠올리면 기억은 그 사건을 실제보다 훨씬 비중 있게 느낀다. 부정적인 감정 대신 감사하고 행복하고 존경했던 과거 경험을 자신에게 거듭 말해준다면 천사의 칵테일을 풍성하게 마련할 수 있다. 이것이 바로 내가 알려주고 싶은 스토리텔링 기술이다.

자기 생각을 관찰하는 법을 익히고 뇌가 생각하게 하려는 서사들을 인지한 다음, 그 이야기들이 기분을 좋아지게 하는지 나빠지게 하는지 생각해보자. 그리고 필요하다고 생각되는 변화를 주자. 긍정적인 서사를 꼭 붙들고 불쑥불쑥 나타나는 부정적인 서사를 밀어내자. 뇌가 저절로 나 자신, 그리고 현재와 과거 경험에 대해 긍정적인 이야기를 들려주기 시작하기까지 수개월이 걸릴 수도 있지만 시간과 노력을 들일 가치가 있는 일이다. 이때 저절로 드는 생각들을 더 잘 관찰할 수 있는 세 가지 방법을 소개한다.

- 집중 명상으로 무엇인가에 오롯이 집중하자. 집중 명상은 하고 있는 생각과 그것을 계속 생각할지 말지 결정하는 주체 사이에 거리를 만들어주는 훌륭한 기술이다.

- 마음챙김으로 지금 이 순간에 몰입하자. 지금 하고 있는 일에 집중하는 상태가 마음챙김이다. 현재에 집중하지 않고 있다는 걸 알아차렸다 해도 괜찮다. 그것 자체가 현재에 집중하고 있다는 증거다!

- 제삼자가 된 것처럼 자신과 대화하자. "책을 읽고 있구나. 기분은 어때? 요즘 잘 지내?"처럼 말이다. 자기 생각을 알아차리는 능력은 제법 빨리 얻을 수 있다. 설사 오래 걸린다 해도 기다릴 만한 가치가 있다. 이 능력이 있으면 생각을 완전히 통제하는 경지로 가는 문을 연 것이다.

나는 7년 가까이 내 생각들을 관찰하는 연습을 해왔고, 이제는 뇌를 통과하는 거의 모든 생각을 들을 수 있게 되었다. 단어 하나하나, 모든 인물, 뇌가 떠올리는 서사까지. 이제는 뇌가 선택하는 종류의 서사에 놀라는 일도 거의 없다. 대부분 예측 가능하기 때문이다. 물론 어쩌다 한 번씩 예기치 못한 생각이 나타나기도 하는데, 그럴 때는 시간을 들여 이 생각이 어디서 왔는지 추리해본다. 신문 기사, 영화, 누군가가 한 말에서 비롯되었을까? 아니면 어떤 향기가 내면의 뭔가를 촉발한 걸까? 결국에는 항상 알아낼 수 있었고 알아내는 과정도 무척 재밌었다. 마치 정신적인 탐정 활동 같았다!

그랬기에 어느 날 뇌가 별안간 우울한 생각, 감정, 기억, 이야기를 잔뜩 생산하기 시작했을 때 놀랄 수밖에 없었다. 나는 충격을 받아 아내에게 말했다.

"나한테 이런 일이 일어나다니… 정말 이상해. 왜 그런지 전혀 모르겠어. 메모도 하고 마인드맵도 만들고, 모든 가능한 원인을 따져봤지만 전혀 모르겠어…."

그러다 이틀 뒤에 수많은 논문을 읽고 나서 내게 절대적으로 중요하다고 밝혀질 어떤 사실을 알게 되었다. 바로 세로토닌과 염증 관계에 대한 내용이었다. 이 내용은 다음 장에서 자세히 다루도록 하겠다. 그러기 전에 마지막으로 남겨둔, 옥시토신을 분비시킬 가장 좋은 기술을 소개하고자 한다.

10 ✷ 호오포노포노 주문 외우기

내가 사람들에게 가르치는 수백 가지 기술 중 이게 가장 강력할 거라 확신한다. 호오포노포노Ho'oponopono는 타인에 대한 죄책감과 빚을 머릿속에서 지우기 위한 하와이의 의식으로, 다음과 같이 네 개의 구절을 읊는다. "사랑해, 미안해, 제발 용서해줘, 고마워."

실천하는 것이 무엇보다 중요하니 곧바로 시도해보기를 권한다. 먼저 생각할 필요도 없이 줄줄 말할 수 있을 만큼 이 구절을 암기하는 게 중요하다. 다 외웠다면 편안하게 앉아 눈을 감고 삶에 긍정적 혹은 부정적 영향을 준 사람들을 떠올리며 마음속으로 이 구절을 말해보자. 마무리로 스스로에게 말해도 좋다. 이 기술의 위력은 어마어마하다. 시도한 사람 중 절반은 감사의 눈물을 흘리게 되니 말이다. 잔잔한 음악을 틀어놓는 것도 방법이다. 그러면 옥시토신이 더 많이 분비되기 때문이다. 휴지가 필요할 수도 있으니 미리 준비하는 것도 좋겠다. 어서 해보자!

한번은 수강생 한 명이 취업 첫해에 못되게 군 상사에 대한 얘기를 꺼냈다. 미적지근한 사과를 받긴 했지만 여전히 직장에서 날마다 만나야 하는 현실은 변함이 없었다. 상사를 볼 때마다 가슴이 칼에 찔리는 기분이 들었고 이 고통은 아무리 노력해도 점점 더 강해지기만 했다.

그러다 우연히 호오포노포노를 설명하는 내 팟캐스트 강의를 들었다고 한다. 그는 변하기로 단단히 마음먹었고, 상사와 마주칠 때마다 마음속으로 그 구절을 거듭 말하기로 했다. 그렇게 3주가 지나자 그는 괴로움과 부정적 감정들이 왠지 모르게 수월하게 녹아 없어졌음을 깨달았다. 한 달이 지났을 땐 상사를 만나도 아무런 부정적 감정이 생기지 않는 수준에 이르렀다! 믿기지 않겠지만 이 이야기는 삶에 호오포노포노를 적용한 수강생들이 내게 수년간 들려준 수많은 이야기 중 하나일 뿐이다.

다크 옥시토신과 라이트 옥시토신

여러분도 알다시피 인생이 항상 장밋빛이진 않다. 지금까지 옥시토신의 긍정적인 효과들을 위주로 소개하긴 했지만 으레 그렇듯 옥시토신에도 단점이 있고, 대개 보통 의식하지 못한 채 이 단점을 경험한다. 지금부터는 옥시토신이 어떤 상황에서 악마의 칵테일 재료가 되는지 살펴보려 한다.

한 허구의 기업을 소개하겠다. 많은 회사가 그렇듯 이곳에도 제품개발팀과 영업팀이 있다. 불행히도 이 두 팀은 팀원들의 소속감을 다지고자 다크 옥시토신을 사용하기로 무의식적인 선택을 했다. 영업팀은 제품개발팀을 게으름뱅이에

다 감정 없는 기술자라고 뒷담화한다. 휴식 시간에는 제품개발팀의 어떤 사람이 못됐다는 이야기가 중심 화제고, 그들이 마땅히 받아야 할 돈보다 훨씬 많은 돈을 받는다는 소문이 돈다. 이 이야기들이 사실인지 아닌지는 중요치 않고, 제품개발팀을 깎아내릴 수만 있다면 충분하다. 물론 제품개발팀도 당연히 영업팀을 향해 똑같이 행동한다.

분위기가 이렇게 엉망이어도 회사가 돌아갈까? 충격적이지만 그렇다. 오늘날 기업은 이렇게도 잘만 돌아간다. 내가 방문하고 일해본 많은 기업에서 이런 종류의 '다크' 옥시토신이 '라이트' 옥시토신보다 훨씬 더 흔한 결합제로 사용되었다. 그래도 기업은 잘만 돌아간다! 하지만 곰곰이 생각해보면 '돌아간다'는 상당히 낮게 설정한 기준이다. 조직 구성원들은 더 기분 좋게 많은 성과를 낼 수 있다.

임의로 다크와 라이트라 이름 짓긴 했지만 정말 옥시토신의 색깔이 다르진 않고, 비유적인 의미로 두 옥시토신을 구분한 것이다. 이름처럼 옥시토신에는 두 가지 측면이 있고, 양면은 종종 대립하곤 한다. 옥시토신은 극단적 신앙을 갖는 데 기여하는 물질로도 추정된다. 인간이 집단에 소속되려는 욕망이 얼마나 강한지 생각해보자. 가끔은 소속 욕구가 개인의 도덕적, 윤리적 확신을 압도하기도 하지 않는가. 집단에 속하는 일이 인생의 다른 모든 일보다 더 중요해질 때도 있을 정도니 말이다!

앞으로 가까운 친구나 배우자와 갈등이 생기면, 자신이 그 상황을 어떻게 수습하는지 주의를 기울여 살펴보자. 보통 사람들은 더 불행하고 끔찍한 감정 상태에 빠진 다른 커플이나 친구의 이야기를 갑자기 꺼내며 험담할 때가 많다. 갈등이 준 상처를 치유하기 위해 다른 사람을 깎아내려 자신을 높이는 행동은 다크 옥시토신을 보여주는 예다. 만약 이렇게 행동한다면 배려하고 경청하고 인정하고 존중하는 행동으로 갈등을 수습하는 연습을 해야 한다. 관리자나 리더의 입장이라면 팀원들이 다크 옥시토신이 아니라 라이트 옥시토신을 이용해 소속감을 느끼도록 장려해야 하고 말이다.

그렇다면 라이트 옥시토신은 뭘까? 이 장의 앞부분에서 이야기한 모든 것이 라이트 옥시토신의 특징이다. ==상대 말을 경청하고, 나의 약점을 가감 없이 보여주고, 친절하게 행동하고, 감사를 표현하고, 참여를 권하고, 다정하게 대하는 것.== 직장에서 관리자나 리더 역할을 맡고 있다면 팀끼리 경쟁을 붙여 파벌을 형성하는 방식은 피하는 게 낫다. 다른 팀과 협동해서 함께 일하고 서로 친해지게 하는 쪽이 더 좋은 방법이다.

어느 날 스웨덴의 대기업에 재직 중인 한 여성이 관리팀에 심각한 문제가 있어서 인사 담당자로서 어려움을 겪고 있다며 전화를 걸어왔다. 여성은 최근 회사 성과가 저조한 주된 원인이 관리팀에서 갈등과 의견 차이를 다루는 방식에 있다고 생각했다.

"오랫동안 사람들에게 소통 방법을 전수해주셨잖아요. 어쩌면 좋을지 조언해주시겠어요?"

나는 몇 가지를 더 묻고서 약속했다.

"두 시간만 마련해주시면 고칠 수 있는 문제입니다."

그러자 여성은 웃었다.

"저희가 별별 방법을 다 써봤는데, 두 시간으로 되시겠어요?"

의심을 표하는 그에게 나는 옥시토신 접근법을 설명해주었고, 이를 들은 여성은 즉시 좋다고 답했다.

그렇게 회사를 찾아간 나는 관리팀 앞에 섰고, 먼저 안전한 분위기를 조성했다. 처음에는 천천히 이야기를 진행했다. 그러다 조금 시간이 지나고부터는 팀원들에게 각자 살아오면서 좌절한 경험과 그것이 본인에게 미친 영향을 말해달라고 요청했다. 그들은 다양한 형태로 두 시간 동안 이야기를 나누었다. 놀랍게도 대화가 끝난 뒤 팀원들의 얼굴은 눈물로 얼룩져 있었고, 서로 껴안으며 예전과 다른 시선으로 서로를 바라보았다. 이렇게 보낸 두 시간은 지난 수년간 수많은 노력을 기울였을 때보다 더 강한 소속감을 만들어냈다. 예전의 노력은 다크 옥시토신을 늘리는 결과밖에 가져오지 못했던 것이다.

절대로 서두르지 않는 것이 중요하다. 옥시토신이 분비

되려면 시간이 걸리고, 강도 또한 서서히 올려야 한다. 길에서 낯선 사람에게 갑자기 다가가 껴안고 눈을 지긋이 바라보며 열 가지 친밀한 질문을 한다고 해서 가까워질 수는 없지 않은가. 다크 옥시토신도 비슷하다. 괴롭힘 집단은 일련의 미묘한 공격과 우위를 점하려는 행동이 반복되며 점진적으로 형성되고, 다른 집단이나 사람을 비하해서 결속을 강화하는 행동이 쌓이면 부정적인 힘은 점점 강해진다. 스스로나 타인의 행동에 그런 경향이 있는지 알아차릴 수 있으면 좋다. 다크 옥시토신을 빨리 감지해낸다면 바이러스처럼 퍼지기 전에 막을 수 있다.

나는 타인을 험담하지 말라는 격언을 지키기 위해 오랫동안 애썼다. 친구와 다투면 엉뚱한 다른 사람을 향해 불쾌한 말을 하고 싶어지는 본능적인 욕구를 느낄 때도 있지만, 이제는 스스로를 멈출 수 있는 경지에 이르렀다. 험담은 경고 신호다. 누군가가 나에게 다른 사람을 헐뜯는다면, 그 사람은 뒤에서 나를 헐뜯을 가능성도 매우 높다. 험담하고 싶은 마음이 들 땐 차라리 그 사람과 직접 대화하는 편이 낫다.

옥시토신 제조법 정리

옥시토신 없는 천사의 칵테일은 완전할 수 없다. 옥시토신은 인간의 친밀감, 안전함, 연결성, 소속감을 누리게 해주는 물질이다. 우리를 사람답게 만들어주고 치유해주는 호르몬이기에 매일매일 빠짐없이 경외와 경이로움을 경험할 기회를 추구하고 의식적으로 감사하는 마음가짐을 유지하며 옥시토신이 등장할 무대를 마련해주어야 한다. 타인에게 마음을 열고, 대화하고, 배려하고, 돕는 사회적 상호작용으로 옥시토신을 분비시키자. 친밀함과 연민이 깃든 순간 하나하나가 특히 중요하다. 가족에게 돌아가는 길에, 데이트하러 나가는 길에, 직장에서 업무 평가를 받으러 가는 중에 호오포노포노 주문을 읊조리거나, 공감과 연민을 불러일으키는 사진을 바라보며 천사의 칵테일에 옥시토신을 더 넣어주면 더할 나위 없다! 다만, 미워하는 감정으로 단합력을 강화시키는 '다크 옥시토신'은 미리부터 알아채 예방할 수 있도록 주의를 기울일 필요가 있다.

세로토닌

사회적 지위와 안정감의 상관관계

나는 세로토닌을 정말 좋아한다! 만족감, 안정감, 늘 뭔가를 찾아다녀야 할 필요가 없다는 느낌은 근본적인 행복을 느끼게 준다. 세로토닌은 아마 이 책에서 가장 이해하기 어려운 물질일 것이다. 하지만 조금만 인내심을 갖고 따라온다면 무리 없이 이해할 수 있을 것이다. 본격적으로 세로토닌을 이야기하기 전에 뚜렷한 맥락을 세우기 위해 다시 한번 석기시대의 덩컨과 그레이스를 만나 세로토닌과 사회적 지위의 상관관계를 탐색해보자.

    덩컨과 그레이스는 부족의 비공식적 리더로 잘 살아가는 중이다. 두 사람은 사이가 좋고 스트레스를 받을 일이 없다. 둘 다 사회적으로 가장 높은 지위를 갖고 있어서 부족 사람 중 세로토닌 양이 가장 많다. 음식, 배우자, 거주지를 비롯해 필요한 모든 걸 가졌으며 부족원 중 가장 질 좋은 털옷을 입고 아름답게 장식한 지팡이도 지녔다. 갑자기 상황이 달라지기 전까지는.

    어느 날 덩컨과 그레이스는 사람이 많은 무리가 멀리서 다가오는 걸 발견한다. 두 사람은 빠르게 마을로 돌아가 모두에게 이 사실을 알리고, 사람들은 낯선 손님을 맞이할 준비를 하느라 분주히 돌아다닌다. 지금 다가오는 자들은 우호적일까 적대적일까? 그들은 선해 보이지만 덩컨과 그레이스의 부족보다 훨씬 발달한 기술을 사용하는 듯하다. 몸가짐도 왠지 더 세련되고, 상상만 하던 털옷을 입고 있으며, 화려한 지팡이까지 가지고 있다. 부족 사람들은 새로 온 사람들 근처를 둥글게 에워싸 모여들고, 그 원은 점점 더 많은 공간을 차지해 간다.

덩컨과 그레이스는 사회적 지위는 물론이고 음식, 배우자, 거주지를 안정적으로 누리던 상태마저 위태롭다고 느낀다. 스트레스가 몹시 심해지자 풍부하던 세로토닌이 조성한 화목함 대신 불안이 그 자리를 차지한다. 절망에 빠진 그레이스는 마음을 가라앉히려고 숲속을 걷지만 도움이 되질 않는다. 울컥 화가 치밀어 올라 부싯돌 한 조각을 바위에 던지는데, 그 순간 갑자기 불꽃이 인다! 이 모습을 본 그레이스는 도파민이 급증하면서 의욕이 치솟는다. 방금 그게 뭐였지? 그레이스는 거듭 시도해보다가 두 돌을 맞부딪혀 안정적으로 불을 만들 수 있다는 사실을 깨닫는다.

그레이스는 마을로 돌아가 이 모습을 사람들에게 보여준다. 사람들은 눈을 비벼대며 놀란다. 돌로 불을 만든다니, 대단한 발명이다! 그렇게 덩컨과 그레이스는 다시금 영웅이 되어 부족 우두머리의 지위를 회복한다. 높은 사회적 지위를 얻어 삶의 조건들을 쉽게 유지할 수 있어졌기에 세로토닌 양은 다시 늘어나고, 두 사람의 사이도 화목해진다.

허상에서 탈출하기

세로토닌은 사회적 지위와 밀접한 관계가 있다고 밝혀졌다. 높은 지위를 누리는 사람은 세로토닌 양이 많다. 필요한 모든 것을 가질 수 있고 위협받지 않는다고 느끼기 때문에 편안하고 건강하며 스트레스가 적은 경향이 있다.

하지만 사회적 지위나 스스로 인지하던 지위가 위협받으면 그 순간 세로토닌 양이 줄어들고, 스트레스가 늘어나면 공격성이 튀어나올 수 있다. 자기 서열이 가장 낮다고 생각하는 (또는 실제로 가장 낮은) 사람들은 세로토닌 양이 매우 적기 때문에 자주 스트레스를 받고 건강하지 못한 경우가 많다. 덩컨과 그레이스의 부족 사회에서 사회적 지위가 가장 낮은 사람들은 사냥해서 잡은 토끼가 자신에게 돌아올지, 높은 사람에게 빼앗길지 알 수 없는 노릇 아닌가.

사회적 지위에 대한 인간의 생물학적 반응은 대부분의 포유류와 비슷하지만, 두 가지 중요한 지점에서만큼은 차이가 있다. 우선 첫 번째는 인간은 동시에 여러 가지 사회 질서 속에 존재하므로 하루에도 몇 번씩 지위가 달라질 수 있다는 것이다. 하루의 흐름을 한번 생각해보자. 아침부터 상사에게 혼나는 것으로 시작된 어느 하루. 짓밟힌 기분이 되어 자리로 돌아가는 모습을 다들 말없이 쳐다본다. 사회적 지위가 타격을 받았기에 세로토닌 양은 자연스레 줄어든다. 그런데 여섯 시간 뒤, 동네 볼링장에 도착해 경기에서 완벽한 점수를 내자 어느새 살아 있는 전설로 존재를 탈바꿈한다. 관중의 환호를 들은 뒤로는 다시 세로토닌 양이 많아져 금세 기분이 좋아진다. 방금 든 예시는 살아가며 맞닥뜨리는 다양한 사회적 상황에서 누구와 어디에 있는지, 상대와 나의 사회적 지위가 어떤지에 따라 세로토닌 양과 기분이 극적으로 변한다는 걸 보여준다.

두 번째 차이점은 첫 번째보다 더 대처하기 어려운데, 화면 속을 지배하는 불가해한 사회구조와 관련이 있다. 우리 뇌는 할리우드 영화, 넷플릭스 콘텐츠, SNS 피드에서 보이는 모습이 실제 사회구조를 반영하지 않는다는 사실을 모른다. 지구 반대편에 사는 어떤 사람이 더 멋진 차, 더 큰 집, 더 많은 돈, 더 매력적인 외모, 더 나은 기술, 더 성공적인 커리어를 갖고 있다는 걸 알게 되면 뇌는 그 사람의 사회적 지위가 더 높다고 여긴다. 그러면 세로토닌 양이 줄고, 스트레스가 많아지고, 극단적으로는 완전히 절망해버린다. 하지만 똑같은 상황이라도 자존감이 높은 사람은 의욕이 샘솟는 반응을 보이기도 한다. 다른 사람이 얼마나 잘 사는지 보면서 자기도 그것을 성취하고 싶다는 생각이 들어 동기부여가 되는 것이다.

구체적이지만 실은 상상 속에 존재할 뿐인 이 사회적 지위는 무효화할 수도 있다. 인간 특유의 발달된 전전두엽 피질을 이용해 SNS에서 보는 대부분의 모습이 가짜고, 뉴스에서 본 사건도 항상 사실은 아니며, 영화에 비친 낭만적 상황은 주로 왜곡되어 있고, 현실의 삶은 넷플릭스 드라마만큼 흥미진진하지 않다는 사실을 이해하는 것이다.

하지만 때때로 가능한 정도일 뿐이다. 사회적 지위를 지배하는 본능만큼이나 오래된 본능을 지적 사고로 판단한다는 건 매우 어렵다. 연습을 반복한다면야 다른 사람들보다 조금 더 수월할 수는 있겠지만 말이다. 이 능력은 나이에 따라서도 다르게 발휘된다. 전전두엽 피질은 만 25세가 되어야 발달이 완성되기 때문이다. 어린이와 청소년 같은 젊은 세대가 날마다 SNS에서 마주하는 사회적 지위와 관련된 인위적인 영상들을 어른보다 무시하기 어려운 이유가 바로 이것이다.

자존감과 만족감

그렇다면 인간과 유사한 유인원은 스스로의 사회적 지위에 어떻게 영향을 줄까? 관련 연구들에서는 주로 힘, 체격, 공격성 같은 특징이 지위를 결정한다고 밝혀졌다. 인간의 사회적 지위는 이런 특징 외에도 여러 가지 변수에 영향을 받는다. 몇 가지만 예를 들어보자면 돈, 외모, 옷, 재산, 나이 같은 요소가 있다. 그런데 더 미묘한 변수들도 있다. ==인간은 의지를 발휘해 자신의 사회적 지위를 바꾸는 게 가능하다.== 행동 전략, 언어, 몸짓언어, 미묘한 신호 보내기, 협동, 타인과의 친분 과시하기 등으로 말이다.

나도 사회적 지위가 세로토닌 양에 터무니없이 많은 영향을 주는 현상을 직접 체험해보았다. 바로 SNS를 볼 때다. 다른 사람들이 성공하고 나보다 월등한 사회적 지위를 누리는 모습을 보면 신체 통증을 느낄 정도로 극심한 질투심에 시달려 괴로웠다. 그들의 지위가 어떤 식으로든 나에게 영향을 주는 것 같았다. 하지만 사실은 그렇지 않다. 그러기에는 이 세상이 너무 넓다.

인류가 수렵과 채집 활동으로 먹고살던 약 1만 2000년 전만 해도 집단의 인원은 많아야 100명쯤이었다. 그땐 집단이 효율적으로 기능하는 데 사회적 지위가 중요했다. 집단에 속하면 생존과 성장 확률이 높았지만 지위가 낮은 사람이 좋은 기분을 유지하고, 식구들을 먹이고, 가장 좋은 배우자를 찾을 기회를 지위 높은 사람이 착취하는 구조였으므로 이런 위계질서는 결국 제 살 깎아 먹기였다.

요즘은 날마다 SNS에 게시물을 올리는 사람만 약 10억 명이다. 어리석고 황당해 보일지 모르지만, 예전에 나는 핸드폰 속 사람들이 요트를 타고 환하게 웃으며 호화스러운 집에서 멀어지는 모습을 볼 때 통증과 패배감에 괴로워했다. 쉽게 질투에 휩싸인 이유는 잘 모르겠지만 당시에 무척 우울했던 상태와 관계가 있을 수도 있겠다. 시간이 지나 우울에서 벗어났을 때 자존감과 자기애가 충만하게 차오르며 부러워하는 마음이 줄어들었기 때문이다.

사회생활을 하며 칭찬받거나 사람들이 자신의 이야기에 주목하고 경청하면 세로토닌 양이 늘어날 가능성이 높다. 그리고 이것도 기억하자. 반대로 타인을 위해 그렇게 할 수 있다는 사실을 말이다. 세로토닌은 전염성이 있다. 그러니 가까운 사람들에게 더 많은 칭찬을 건네자. 그러면 상대는 우리를 더 좋아할 것이고, 비슷한 칭찬을 건넬 것이다. 물론 칭찬을 할 때는 언제나 진심이어야 하고 조심해야 한다. 그러지 않으면 칭찬의 힘과 목적의 가치가 떨어지기 때문이다. 흥미롭게도 칭찬은 하는 사람의 지위에 따라 효과가 다소 달라진다. 대통령처럼 지위가 높은 사람이 칭찬을 건네면 길에서 낯선 사람에게 칭찬을 받았을 때와 크게 다른 반응을 보이게 되지 않겠는가.

칭찬이 세로토닌 양에 영향을 준다는 건 비판이 영향을 준다는 말이기도 하다. 이때 자존감이라는 중요한 요소가 작용하는데, 자존감은 칭찬과 비판을 받아들이는 방식에 크나큰 영향을 준다. 먼저 자신감과 자존감의 차이를 제대로 정의

하자. 자신감은 다양한 활동을 수행할 수 있다는 믿음의 강도라고 정의할 수 있다. 오랫동안 농구를 해왔고, 많은 시합에서 이겼고, 고급 기술들을 익혔다면 농구 실력에 매우 자신이 있는 것처럼 말이다.

반면 자존감은 자신을 어떻게 인식하는지, 얼마나 긍정적으로 느끼는지를 뜻한다. 자존감이 높은 사람은 자신을 사랑한다고 진심으로 말할 수 있고, 나 자신을 있는 그대로 수용하며 안정감을 느끼고 기뻐한다. 자존감이 높은 사람은 패배했을 때 "난 최선을 다했어"라 말하고, 자존감이 낮은 사람은 "난 농구할 자격이 없어. 정말 형편없네!"라 말한다.

다시 앞으로 돌아가서 칭찬과 비판이 사람들에게 어떤 영향을 주는지 알아보자. 자존감 높은 사람이 외모 지적을 받으면 자신의 진정한 가치가 외모에 있지 않다고 느끼고, 대체로 스스로에게 만족하기 때문에 그다지 영향을 받지 않는다. 이런 사람은 칭찬을 받아도 그리 특별하게 반응하지 않고 대수롭지 않게 여긴다. 이미 자기가 멋진 사람이라고 생각하기 때문에 외부의 인정에 덜 의존하는 것이다.

반대로 자존감이 낮은 사람은 평생에 걸쳐 관심을 끌려고 애쓴다. 누군가의 주의를 끌면 스스로 인지하는 사회적 지위가 금세 상승하고 환상적인 기분에 취할 수 있기 때문이다. 하지만 비판을 받으면 사회적 지위가 바닥에 떨어지면서 기분도 그만큼 나빠진다. 자존감 낮은 사람의 삶은 지독한 좌절과 절망에서 조화롭고 만족스러운 황홀경을 오고 가는 롤러코스터라 할 수 있다.

이 부정적인 굴레에서 벗어나려면 세로토닌 양을 늘려 더 강한 만족감을 느껴야 한다. 사회적 지위가 위협받지 않는다고 느끼면 보통은 지위를 얻으려는 행동을 멈추는데, 바로 이때 만족감이 생긴다. 만족은 경이로운 상태다. 지금 이 순간에 존재할 수 있게 하고 이미 가진 것을 즐기도록 하기 때문이다. 만족 상태에 이르고 싶다면 남과 너무 비교하거나 도파민 사냥에 참여하지 말고, 이미 가진 것에 의식적으로 감사하는 연습을 하자.

세로토닌이 많이 분비되면 자연스레 기분이 좋아진다. 보통 사람은 일 년 중 어느 시기에 기분이 가장 좋고, 언제 저절로 행복해질까? 대부분은 봄과 여름에 기분이 좋고 행복하다. 왜일까? 햇빛 덕분이다! 세로토닌 양은 햇빛을 비롯해 운동, 수면, 식사 같은 요소에도 영향을 받는다. 세로토닌 양을 늘리는 것이야말로 생활 방식을 바꾸는 결단을 내릴 때마다 최우선으로 고려해야 하는 중요한 지점이다. 기분이 좋고 안정적이라면 세상살이가 훨씬 쉬울 것이고, 필요한 변화를 이끌어내기도 쉬울 것이다! 그러니 이제부터 소개할 세로토닌을 증가시키는 기술들을 잘 살펴보고 천사의 칵테일을 만들 때 반드시 활용해보자.

1 ✸ 자존감 연습하기

아까 말했다시피 자존감이 낮았던 시절의 나는 다른 사람이 더 나은 사회적 지위를 누리고 있다고 느낄 때마다 질투와 강력한 스트레스를 경험했다. 그렇다면 자존감은 어떻게 높여야 할까? 아니 더 구체적으로, 타인의 사회적 지위에 덜 영향받으려면 어떻게 해야 할까?

- ✻ 자신을 사랑하라! 반복과 집중이 답이다. 많은 사람이 자신의 결점에 집중하고 스스로가 형편없다는 생각을 되뇌는데, 그러지 말고 자신을 사랑하는 데 집중하는 일을 반복하라는 뜻이다. 뭔가를 잘했다면 잊지 말고 스스로를 칭찬하자. 격려를 건네며 정말 멋진 사람이라 얘기해주자.

- ✻ 실수했을 때 자신을 향한 비난을 멈추자. 그저 뭔가 잘못되었다는 사실을 인정하고, 거기서 한 수 배우기로 결심하자. 그리고 예전처럼 자신을 괴롭히는 대신 이렇게 생각을 전환한 자신을 칭찬하자. 배움이 없는 자기비판은 별 쓸모가 없다. 이런 비판은 가정이나 학교 같은 사회화 과정에서 학습된 반사적인 반응일 뿐이다.

✻ 쉽게 단정 짓지 말자. 자신을 판단하는 버릇 때문에 자존감이 낮은 걸 수도 있다. 자신을 판단하는 사람은 타인도 판단하려 드는 경향이 있다. 그런 면에서 보자면 희망적이다. 타인을 판단하지 않으려고 연습하는 과정을 거치면 자기 자신도 덜 판단하게 될 수 있으니 말이다.

인간은 타인의 행동 기저에 깃든 원인을 고려하지 않고 판단할 때가 많다는 점에서 신기한 동물이다. 도로에서 어떤 운전자가 어리석고 위험한 방식으로 추월을 시도하면, 그 사람이 왜 그랬는지에 대한 이유를 전혀 생각해보지 않고 그저 멍청한 인간이라 판단해버리기 쉽다. 하지만 자신이 어리석고 위험한 방식으로 어떤 차를 추월했다면 분명 그럴 만한 이유가 있었을 것이다. 서둘러 병원에 가야 한다거나, 연인에게 차여서 기분이 정말 나쁜 상태라거나, 도로 가장자리의 자갈들을 밟아 주변 차에 자갈을 날리지 않기 위해 무리하게 우회해야 했다거나 하는 이유처럼 분명 합리화할 근거가 있을 것이다.

✻ 이름을 쓰고 하트를 그리자! 스스로를 사랑하기 위해 오랫동안 사용해온 기술 중 내가 가장 좋아하는 건, 이름을 쓰고 그 위로 하트를 그리는 것이다. 조금 웃길지라도 시도해보자. 불편하고 이상한 기분이 든다면 그것이야말로 하트 그리는 연습이 꼭 필요하다는 신호다. 나는 샤워

할 때 수증기가 차면 유리에 이름과 하트를 잔뜩 그려놓는다. 자신을 사랑하는 일은 우리가 할 수 있는 가장 중요한 일이다. 자기 자신을 사랑하면 스스로 인지하는 사회적 지위가 훨씬 탄탄해지고 다른 사람의 평가에 덜 구애받는다.

* 관찰 명상으로 판단을 유보하자. 관찰 명상은 마음에 들어오는 모든 생각을 본능적으로 가치 있게 여기도록 도와주는 형태의 명상으로, 세로토닌 양을 늘리는 데 아주 효과적이다. 긴장을 풀고 앉아 차분하게 숨을 쉬면서 깊고 느린 호흡에 집중하자. 호흡에만 집중하는 집중 명상과 달리, 관찰 명상을 할 때는 마음속에 생각이 들어오는 것을 허용한다. 생각이 떠오르면 즉시 판단을 내리지 말고 조금 멀어져서 거리를 둔 채 관찰하자. 줄줄이 이어지는 생각 사이에서 어떤 건 사라지고 다른 생각이 그 자리를 차지하는 모습을 그저 관찰하자. 관찰 명상은 현실에서도 같은 방식으로 반응할 수 있도록 도와주며, 자신과 타인의 행동을 판단하지 않는 습관을 길러준다.

* 좋은 이야기로 판단을 선수 치자. 뇌가 부정적으로 생각할 준비를 하고 있다는 걸 알아차리면, 그 즉시 자신에게 세 가지 긍정적인 이야기를 얼른 건네는 습관을 만들어

두는 것이다. 부정적인 흐름이 시작되기 전에 자발적으로 미리 차단하는 경험을 해보자.

* 밤마다 감사 일기를 쓰자. 그날의 잘한 일과 자랑스러웠던 일에 관해 쓰는 것이다. 쓰지 않고 생각하기만 해도 쓰는 것만큼이나 효과가 있다.

나는 만족감뿐만 아니라 긍정적인 평정심에 머무를 수 있도록 하는 세로토닌의 효과를 좋아한다. 한번은 세계 곳곳에 사는 약 5만 명의 사람에게 이런 질문을 던져보았다. '더 많은 걸 원하는 욕망이나 뭔가를 추구해야만 하는 갈망, 즉 도파민에서 완전히 벗어나 평화롭고 충만하다고 느낄 때는 언제인가?'

사람들의 대답은 놀라울 정도로 비슷했다. 숲길을 걸을 때, 말을 탈 때, 별장에 머물 때, 낚시할 때, 바닷가에 갔을 때, 스키를 탈 때, 음악을 연주할 때, 모든 의무에서 벗어났을 때, 운동할 때, 취미 활동을 할 때, 스쿠버다이빙을 할 때, 명상할 때. 이 모든 대답의 공통점은 스트레스가 없는 상황이라는 것, 사회적 지위에 위협을 주지 않는 활동이라는 것이다. 5만 명 중 단 한 사람도 경쟁하는 상황을 언급하지 않았다. 물론 이 행동들이 모두 세로토닌을 분비시키는지 아닌지 판단하기는 어렵지만, 세로토닌과 자주 결부되는 경험인 건 사실이다.

2 ✷ 도파민과 세로토닌 균형 잡기

도파민과 세로토닌은 확연한 차이가 있다. 우선 도파민은 우리를 부추겨 어느 방향으로든 전진하게 하고 충동성을 높이며 자신과 몸 외부 대상에 집중하게 한다. 뭔가 더 필요하다는 느낌에 자극을 받아 도파민이 분비되고 필요를 충족하고 나면, 그때 세로토닌이 분비되어 충동성을 가라앉힌다.

음식은 간단한 예가 될 수 있다. 배가 고프면 도파민이 분비되어 뭔가를 먹게 된다. 그러면 점차 배가 불러오고 도파민이 분비되는 속도가 느려지다가 마지막에는 세로토닌이 분비된다. 이런 현상을 서술할 때 자주 쓰는 용어는 '항상성'이다. 뇌는 평형을 추구하기 때문에 정상 상태에서 조금만 벗어나도 거기에 대한 반응을 보인다. 이럴 때는 도파민이 분비되어 정상 상태에서 벗어난 상황에 대처하는 행동을 주도한다. **쉽게 말해 도파민은 갖지 못한 것을 갖고 싶은 마음이 들게 하고, 세로토닌은 이미 가진 것에 만족하는 마음이 들게 한다.** 이 두 가지 상태는 우리 삶에서 매우 다른 역할을 하며, 가능한 한 둘 다 완전히 통제할 수 있으면 좋다.

어떤 사람은 도파민에 주도되는 성향이라 새로운 일을 시도하려는 욕구가 끊이지 않는다. 이를테면 나는 끊임없이 새로운 아이디어를 떠올리는 동시에 매우 빠르게 흥미를 잃는다. 제정신이 아니라고 말할 법한 야망들을 드러내고, 지치지도 않고 계속 뭔가를 찾고 추구하려 한다. 반면 어떤 사람은 삶이 흘러가는 동안 대부분의 시간을 만족스러워하며 살아간다.

물론 두 성향이 섞인 조합도 존재한다. 누구나 도파민에 주도되는 성향과 세로토닌에 주도되는 성향을 다 가지고 있지만 어느 쪽이 더 강한지는 저마다 다르다. 이 성향이 타고나는 건지 학습된 건지는 아직 과학이 완전히 밝혀내지 못했지만 그리 중요하진 않다. 중요한 것은 뇌가소성을 이용해 행동 패턴을 바꿀 수 있다는 점이다(뇌가소성에 대해 더 알고 싶다면 239쪽을 참고하자).

도파민 주도적 인간으로 치자면 도파민 자극의 유입을 줄여서 사냥하려는 갈망을 가라앉히는 것이다. 다음 황홀경으로 바로 옮겨가는 게 아니라 세상을 천천히 즐기고, 지금 이 순간에 존재하고, 삶을 경험하는 연습을 하며 말이다. 나는 내 도파민 양을 통제하기 위해 세 가지 주된 접근법을 사용한다. 첫째, 꼭 해야 할 일들을 되도록 줄이려 애쓴다. 둘째, 독서나 낚시, 페인트칠처럼 유용한 취미 활동을 하는 식으로 느린 도파민을 일부러 찾아 나선다. 셋째, 고요히 앉아 호흡이나 심장박동을 세는 집중 명상을 한다.

세로토닌 주도적 성향의 고객과 교류해온 경험에 따르면, 이런 성향인 사람은 작은 표적들을 설정하고 하나씩 달성해보는 것이 좋다. 이후에 더 큰 목표를 설정해서 달성하면 추진력을 얻게 되고, 점차 사냥에 대한 갈망을 키울 수 있다. 언제 시작하고 끝낼지 명확히 정하는 것도 중요하다. 세로토닌 주도적 인간은 지금 이 순간에 머무르기만 해도 만족하므로 계획한 만큼 실천하지 못하는 경향이 있기 때문에 해야 할 일 목록을 적는 것도 효과가 크다.

도파민 축제나 다름없는 삶을 살아가는 현대인보다는 과거의 인류가 세로토닌과 도파민의 균형을 잘 이루었을 가능성이 높다. 도파민은 많이 소모할수록 더 많이 원하게 되고, 오랫동안 세로토닌이 가져다주는 자연스러운 만족감과 평안함을 느끼지 못하게 될 위험이 있다.

3 ✳ 햇빛 쐬기

이 기술은 완벽하게 무료다! 벽 너머, 창문 너머, 컴퓨터 화면 너머에는 우리가 섭취할 수 있는 중요한 보조제가 있다. 해가 비교적 빨리 지고 겨울이 긴 편인 북쪽 나라들을 대상으로 되풀이된 연구들도 이 기술의 근거가 되어준다. 생각해보면 많은 사람이 겨울 동안 기분이 가라앉아 있다. 덜 웃거나, 사람을 덜 만나거나, 운동을 덜 하거나, 영양가 없는 음식을 먹어서가 아니다. 햇빛을 충분히 받지 못하기 때문이다.

기분이 가라앉는 첫 번째 이유는 당연하게도 겨울에 해

가 느즈막이 떴다가 금세 져버리기 때문이다. 또 바깥이 추워서 실내에 더 오래 머무르기 때문이기도 한데, 다행히 추위 자체는 기분을 변화시키는 햇빛의 효과와는 무관하다. 유일하게 중요한 요인은 햇빛에 노출되는 정도와 시간이다. 맑고 푸른 하늘과 환한 햇빛 아래 잠시 산책을 하면 흐린 날 같은 시간에 산책할 때보다 더 많은 햇빛을 받는다. 그러니 흐린 날 산책을 한다면 필요한 양의 햇빛을 받기 위해 더 오래 걸어야 한다.

태양이 무슨 일을 하길래 이토록 중요할까? 태양은 하루 세로토닌 양에 주요한 영향을 주는 요소다. 밖으로 나가 햇빛을 보지 않는 건 세로토닌 양을 늘리지 않겠다고 의도적으로 선택하는 것과 같다. 과학 용어로 설명하자면 햇빛은 세로토닌이 분비되었다가 시냅스와 시냅스 사이에서 다시 흡수되는 현상을 줄이는 역할을 해, 대표적 항우울제인 SSRI(선택적 세로토닌 재흡수 억제제)와 비슷한 의학적 효과를 가져다준다.

간단히 말하자면 햇빛은 우리가 가진 세로토닌을 더 오래 누리게 해준다는 뜻이다. 어쩌다 하루쯤 햇빛을 못 보더라도 큰 문제가 생기진 않지만 너무 오랫동안 연일 햇빛을 못 보면 문제가 생길 수 있다. 그래서 북쪽 나라 사람들은 겨울 동안 기분이 확연히 달라지는 경험을 한다. 일부는 상태가 심해져서 연중 해가 짧은 기간에 우울해지는 계절성 정동 장애SAD를 앓기도 한다. 그러니 세로토닌이 충분히 분비되려면 계절에 관계없이 날마다 산책할 시간을 마련하는 게 중요하다.

나는 나에 대한 데이터를 수집하는 일을 좋아한다. 데이터를 수집하면 스스로를 이해하는 데 도움이 되고, 내가 다른 방법으로 짐작하지 못했던 점들을 깨닫기 때문이다. 만약 자신을 이해해보려는 열정이 있다면 기막힌 방법을 하나 알려주겠다. 일 년 동안 날마다 받은 햇빛의 양을 기록하고, 그날의 기분을 1에서 10까지의 척도로 적어놓는 것이다! 그러면 어떠한 경향성을 발견할 수 있기에 햇빛의 양을 매 끼니만큼이나 중요한 정신의 양식으로 여기게 될 것이다.

하루 동안 분비되는 세로토닌 양은 눈에 닿는 햇빛의 양에 따라 달라진다. 그러니 햇빛이 꼭 피부에 닿을 필요는 없다. 피부에 닿을수록 많이 생산되는 건 비타민 D다. 비타민 D는 건강한 노화, 불안 완화, 심혈관계 건강 개선, 면역계 유지, 시력 향상에 중요하며 뼈를 튼튼하게 유지시킨다. 게다가 세로토닌 생산에도 간접적으로 관여하므로 해가 짧고 피부를 노출시키기 어려울 만큼 두꺼운 옷을 입는 계절이라면 비타민 D를 섭취하는 게 더욱 좋다! 유제품에도 들어 있고 시중에는 별도로 첨가해 판매하는 식품도 있다. 평소 식단에 비타민 D가 부족하다면 따로 영양제를 먹어 섭취해도 된다.

4 ✷ 식단 조절하기

영화에서 인물이 실연당한 직후, 가장 먼저 아이스크림과 단것을 잔뜩 먹어댈 때가 있다. 또 어떤 인물이 위기에 처했다는 사실을 알려주는 장치로 배달된 피자 상자 무더기와 먹다 남은 패스트푸드를 흔히 사용하곤 한다. 정신적 어려움을 겪을 때 사람들은 왜 건강에 해로운 음식의 유혹에 쉽게 넘어갈까?

중요한 이유 중 하나는 탄수화물을 먹을 때 간접적으로 분비되는 트립토판 때문이다. 트립토판은 몸에서 세로토닌을 합성할 때 사용하는 구성 물질이다. 탄수화물을 많이 먹어 체내에 트립토판이 많아지면 뇌가 세로토닌을 합성할 때 쓸 수 있는 재료가 많아진다. 만약 탄수화물을 점점 많이 먹고 있다면 트립토판이 부족하고, 기분이 불균형하고 우울해졌다는 뜻일 수 있다. 그런 기분이 지속된다면 대처가 필요하다. 정신적 불균형은 오래 지속될수록 조절하고 바로잡기가 어렵다.

트립토판을 자세히 살펴보자. 트립토판은 세로토닌을 합성하는 데 쓰이는 아미노산으로, 음식을 먹어 얻는다. 트립토판을 충분히 섭취하지 않으면 세로토닌을 합성하는 능력이 떨어진다. 트립토판이 풍부한 음식으로는 칠면조 고기, 닭고기, 생선, 덜 익은 바나나, 귀리, 치즈, 견과류, 씨앗류, 우유가 있고 영양제로도 섭취할 수 있다. 하지만 새 영양제를 먹기 전에는 항상 주치의와 먼저 의논하는 게 좋다. 특히 항우울제나 다른 약을 먹고 있다면 의사에게 문의하는 게 매우 중요하다.

세로토닌에 관한 재밌는 사실 하나는 몸속 세로토닌의 90~95퍼센트가 위장에 있다는 점이다. 그간 오랫동안 위장관에 있는 세로토닌과 뇌에 있는 세로토닌 사이에는 아무런 관계가 없다고 다들 생각해왔다. 세로토닌이 뇌혈관장벽(뇌와 나머지 몸 혈관 사이의 물질 교환을 통제하는 선택적 반투과성 경계. 혈관에 유입된 해로운 물질이 뇌로 들어가 중추신경계에 작용하는 일을 막는다—옮긴이)을 통과하지 못한다고 생각했기 때문이다.

그런데 2019년에 진행된 신경과학 연구자 캐런-앤 멕베이 뉴펠드의 흥미로운 연구에서 뇌의 세로토닌과 위장관의 세로토닌이 서로 연관되어 있으며, 이를 미주신경으로 조절할 수 있다는 결과가 나왔다. 최근 수년간 장내 미생물과 뇌부터 위장관까지의 연결이 정신 건강에 미치는 영향에 대한 연구들이 쏟아져나오기도 했다. 다소 복잡한 연구지만 결과를 요약하자면 간단하다. **우리가 먹는 음식이 정신 건강에 직접 영향을 준다는 것이다.**

그렇다면 우리는 어떤 음식을 먹어야 할까? 정답은 '다양하게 먹는 것'이다. 다양한 음식을 먹으면 여러 종류의 소화 박테리아에게 먹이를 줄 수 있고, 이로운 소화 박테리아가 많을수록 건강해진다. 유산균 보조제를 이용할 수도 있지만 연구에 따르면 보조제의 효과는 제한적이다. 가능하면 패스트푸드, 가공식품, 정제 탄수화물, 백설탕을 피하고 과일, 채소, 통곡물에서 비정제 탄수화물을 많이 섭취하는 쪽을 택하자.

세로토닌 양이 적어졌을 때 일어나는 무서운 일은, 정제 탄수화물을 많이 먹게 된다는 것이다. 인공감미료인 아스파탐이 체내에 다시 흡수되는 현상을 증가시키는 유감스러운 일이 생기기도 한다. 아스파탐 재흡수가 증가하면 세로토닌뿐만 아니라 도파민과 노르아드레날린까지 줄어들기 때문이다. 악순환이 아닐 수 없다.

그러니 정제 탄수화물을 잔뜩 섭취하고 싶을 때마다 최대한 자제력을 발휘하도록 하자. 이 갈망을 알아차려서 너무 늦기 전에 멈추는 법을 익히자. 가게로 가서 리모컨에 조종된 좀비처럼 과자, 사탕, 탄산음료를 사오기 전에 말이다. 욕구를 인지하는 법을 익혔다면 이를 가라앉히는 다른 방법들도 추천하고 싶다. 마음이 약해질 때 당근 스틱, 견과류, 카카오 함량이 80퍼센트 이상인 다크 초콜릿, 설탕 코팅된 완두콩 같은 걸 활용해봐도 효과가 꽤 괜찮다.

5 ✳ 지금 이 순간에 집중하기

마음챙김이란 말은 수없이 자주 들어보았을 것이다. 옥시토신 장에서도 잠시 소개한 개념이다. 마음챙김은 마술 같은 습관으로, 궁극적인 만족감을 가져다주는 방법이다. 실제로 마음챙김을 실천하고 삶이 완전히 바뀐 사람들의 이야기가 많이 들려온다.

혹시 마음챙김의 반대 상태를 일컫는 말도 있을까? 놀랍게도 정말 있다! 바로 '맥락 전환context switching'이다. 무슨 뜻이냐 하면, 육체적으로나 정신적으로나 지금 이 순간에 머무르지 못하고 다른 곳에 가고 있다는 의미다. 맥락 전환 상태에서는 몇 가지 일을 동시에 할 수 있다.

맥락 전환이 마음챙김의 반대라면, 과연 어떤 점에서 유용할까? 물론 한 번에 많은 일을 할 수 있다는 건 분명 유용하다. 문제는 맥락 전환이 지금 이 순간에 머무르는 능력에 부정적인 영향을 준다는 것이다. 그렇다면 지금 이 순간에 머무르는 일은 정말 중요할까? 나는 지금 이 순간에 머무르는 게 맥락 전환보다 훨씬 중요하다 말하고 싶다. 현재에 머무를 때만 감각을 거쳐 우리를 둘러싼 세상을 받아들일 수 있기 때문이다.

요리를 하는 동시에 온갖 일을 한꺼번에 해치우는 사람을 떠올려보자. 음식을 준비하는 와중에 설거지를 하고, TV를 보고, 양념통을 정리하고, 심지어 다음 날 가져갈 도시락까지 챙기며 여러 가지 일을 동시다발적으로 진행하는 것이다. 사실 이 사람이야말로 많은 곳에서 존경받는 멀티태스킹

형 능력자, 맥락 전환으로 뇌가 훈련된 달인이다. 하지만 이런 사람은 과정 하나하나에만 집중하고 열정을 쏟으면서 요리하는 사람에 비하면 요리라는 경험을 놓치고 있다고도 할 수 있다. 과정에 집중해 음식을 만드는 사람이라면 맥락을 자주 바꾸는 대신 지금 이 순간에 머무르는 태도를 잘 갖추고 있을 테니 말이다.

또 하나의 예로 새로운 사람을 만날 때를 생각해보자. 지금 이 순간에 머무르는 사람은 새로 만난 사람을 궁금해하고, 더 깊게 이해하고, 공감하고, 진정한 관심을 보인다. 이 내용을 읽다 보면 현재 순간에 머무르는 사람을 만난 경험과, 반대로 시선과 생각과 몸과 행동이 끊임없이 여기저기 움직이는 사람을 만난 경험을 모두 떠올릴 수 있으리라.

다른 것과 마찬가지로 마음챙김도 연습해서 나아질 수 있고, 그러면 지금 이 순간에 더 잘 머무를 수 있다. 무엇보다 지금 바로 시작할 수 있다는 게 가장 큰 장점이다. 책 한 권을 읽어도 더 천천히 읽자. 정보를 받아들이는 과정을 즐기고, 주변 환경의 따스함과 편안함을 즐기고, 커피를 즐기자. 지금 이 순간에 머무르는 연습을 한 뇌는 더 많은 감정과 더 강한 감정을 경험하는 방향으로 전진한다.

마음챙김을 연습하는 장기 전략 하나는 하루 동안 한 가지 감각에만 집중하는 것이다. 예를 들어 월요일에는 후각에 집중해서 바나나, 벽지에 묻은 풀, 피부, 지나가는 사람의 냄새를 느껴보는 식으로 말이다. 다섯 가지 기본 감각으로는 이미 현재에 존재하고 있다면 연습에 사용할 다른 감각을 찾아보자. 압력, 온도, 근육 긴장도, 통증, 균형, 목마름, 배고픔, 시간처럼 시도해볼 감각은 다양하다.

효율성을 양보하고 싶지 않아 의문을 제기할 수도 있겠다. 과연 뇌가 한 번에 한 가지 활동만 하도록 훈련하는 게 가능할까? 물론 평일 동안 뇌가 전속력으로 맥락 전환을 계속하다가 주말이 되면 브레이크를 밟아 마음챙김과 감각에 완전하고 절대적으로 집중할 거라 기대할 수는 없다. 슈퍼 히어로가 아니라면 누구도 그럴 수 없다. 중요한 것은 균형이다. 전속력으로 달리는 대신 속력을 조금 줄이고, 상당히 많은 시간을 보내는 직장에서도 지금 이 순간에 머무르는 연습을 하자. 동료와의 대화, 내가 이룬 성과와 현재 진행되는 프로젝트, 기쁨과 슬픔 같은 감정까지 되도록 집중하면서 지내는 것이다.

내가 사용하는 믿을 만한 방법으로는 '수동 브레이크' 전략이 있다. 5주간 주어진 여름휴가 '직전에' 아비스코 국립공원에 가는 것이다. 아비스코 국립공원은 스웨덴에서 손꼽히는 아름다운 장소다. 거대한 산과 경이로운 풍경이 있고, 시냇물이 너무 맑아서 바닥이 훤히 보이며, 원한다면 직접 마셔도 된다. 그곳에서 일주일 동안 스마트폰 없이 지내고 나면 뇌가 평온하게 가라앉고 남은 휴가를 느긋하게 지내기 쉬워진다. 이렇게 하지 않으면 뇌가 속력을 낮추는 데만 4~5주가 걸리고, 그때쯤이면 다시 일하는 모드로 돌아가야 한다.

현실적으로 5주씩이나 휴가를 내기 어렵다면 주말에도 충분히 가능하다. 금요일 점심시간부터 의식적으로 스스로를 가라앉히기 시작하고, 퇴근 후 30분 동안 명상하는 계획을 미리 짜놓아야 한다. 주말에 핸드폰까지 치워놓는다면 쉴 새 없이 맥락 전환을 하던 뇌가 지금 이 순간에 머무르는 상태로 전환되기 한층 수월하겠다.

6 ✷ 부정보다 긍정을 선택하기

사건의 기억은 그 사건 자체와 비슷한 감정을 유발한다. 남아 있는 기억은 실제로 경험했을 때 분비된 물질이나 그와 유사한 물질을 분비시킨다. 아까도 꺼낸 이 얘기를 되풀이하는 이유는 그만큼 이걸 이해하는 게 중요하기 때문이다. 내가 여태 만나온 대다수의 사람은 자기가 어떤 생각을 할지 선택하지 않았다. 그저 주위에 벌어지는 일에 좌우되곤 했는데, 오늘날 사회에서 우리를 둘러싼 것들은 이로운 영향보다 해로운 영향을 줄 때가 더 많다. 좋은 뉴스보다 나쁜 뉴스가 더 잘 팔리지 않는가. 쉴 때 사람들과 대화를 나눌 때도 긍정적인 화제보다 부정적인 화제로 주제가 쏠릴 때가 많다. 부정적인 이야기를 해야 영향력을 발휘하고 화자가 주목받기 때문이다.

SNS에서는 모든 것이 더할 나위 없이 멋져 보인다. 우리 뇌는 하루 중 99퍼센트의 시간을 SNS에 보이는 가짜 이미지와 자신을 비교해야 한다고 생각하는 모양이다. 하지만 SNS 속 이미지와 자신을 비교하면 스스로를 지나치게 비판하게 되므로 결코 좋은 결과가 있을 수 없다. 자기 생각을 인지하고, 그것을 통제하는 법을 익히는 일은 성공적인 셀프리더십을 위해 거쳐야 하는 절대적으로 중요한 단계다. 이 단계를 거쳐야 기분을 선택하는 경지로 갈 수 있다.

7 ✳ 지속적인 스트레스 차단하기

이 기술은 만성 스트레스를 피해 세로토닌 균형을 높이는 방식으로, 간접적이지만 효과는 꽤 강력하다. 먼저 세로토닌 균형을 깨뜨리는 흔한 원인을 살펴보자.

- 만성 신체 통증
- 다양한 원인으로 생긴 강한 감정적 고통
- 질병
- 염증
- 부정적 사고 패턴
- 트립토판 결핍을 포함한 영양 부족

* 나쁜 위장 건강
* 운동 부족
* 햇빛 부족

이 원인들은 스트레스에 압도적인 영향을 미친다. 증상은 단번에 표출되지 않기도 한다. 커뮤니케이션 코치로 활동하면서 여러 사람을 만나보았는데, 사랑하는 사람이 세상을 떠난 직후에는 별로 영향을 받지 않다가 두세 달이 지나 감정의 여파가 완전히 드러나는 사람도 꽤 있었다.

물론 스트레스에는 장점도 있지만 만성적이라면 얘기가 다르다. 만성 스트레스는 정신과 육체에 심히 부정적인 영향을 끼친다. 수개월, 수년간 시달리다 보면 우울증에 빠질 수도 있다. 스트레스 원인이 도처에 널린 요즘은 모두가 몸속에 어둠의 힘을 품고 다니는 셈이다. 그런데 놀랍게도 낮은 세로토닌 수치와 우울증 사이에는 상관관계가 없다. 세로토닌 양에 영향을 주는 항우울제가 많은 우울증 환자를 돕는다는 사실을 고려하면 불가사의한 일이다.

세로토닌 제조법 정리

천사의 칵테일에서 가장 중요한 근간은 만족감과 평화로움이다. 희열, 사랑, 의욕, 보상, 흥분, 각성 같은 다른 모든 긍정적 감정 상태는 대체로 일시적이며 나타났다 사라졌다 하는데, 만족감과 평화로움은 훨씬 안정적으로 유지될 가능성이 높다. 물론 다른 일시적 감정 상태도 자주 경험해야 하지만, 단기적인 감정 상태만 강조된 삶은 롤러코스터를 타는 것처럼 느껴질 위험이 있다. 반면 천사의 칵테일을 만들 때 세로토닌을 가장 기본 재료로 삼으면 밤의 축제가 끝나고 집으로 돌아갈 때 든든한 의지가 된다. 그러니 만성 스트레스를 피하고, 운동하고, 명상하고, 햇빛을 많이 받고, 건강한 식사를 하고, 자존감을 키우고, 끊임없이 자극을 추구하기보다는 주어진 상황과 감각에 만족하는 연습을 해 세로토닌 양을 늘려가보자.

코르티솔

고통 회피와 쾌락 추구

코르티솔은 어쩌면 우리 몸에서 가장 중요한 호르몬이라 할 수 있다. 스트레스 상황에서 부신샘이 코르티솔을 혈류로 분비하면 다량의 포도당이 혈액에 들어가는데, <mark>스트레스 상황에 대처할 때 필요한 에너지를 공급하는 게 바로 포도당이다.</mark> 또 코르티솔은 면역계가 연료로 사용할 수 있게 포도당을 혈류로 내보내고, 단기적으로 항염 작용을 해서 염증 반응이 일어나는 동안 면역계 활동의 균형을 잡아주기에 그 자체로 중요한 역할을 해내는 호르몬이다.

응급 상황 시 분비되는 아드레날린은 어떨까? 아드레날린은 심장박동을 빨라지게 하고, 근육으로 피를 보내며(그래서 몸이 떨리는 것이다), 기도를 이완시켜 더 많은 산소를 근육으로 보낸다. 우리가 강한 펀치를 날리고 더 빨리 달릴 수 있는 건 아드레날린의 공이 크다. 비슷하지만 또 다른 역할을 맡고 있는 노르아드레날린은 요약하자면 집중력과 주의력을 높여 인지능력을 강화하는 역할을 한다.

이 세 가지 물질은 도망치거나 싸우거나 그 자리에 얼어붙도록 하는 모드(위험한 상황에서 싸우거나 도망치거나 주의를 기울이기 위해 일어나는 생리적 각성 반응—옮긴이)를 활성화시켜 우리의 목숨을 지킨다. 사자를 마주친 상황을 상상해보자. 사자가 나를 봤다는 사실을 깨닫고 나면 아마 가만히 서 있지 않고 평소보다 훨씬 빠른 속도로 도망칠 것이다. 이 메커니즘이 인간을 수십만 년 동안 생존할 수 있게 도왔다.

2만 5000년 전 사과를 채집하던 덩컨을 잠시 소환하자. 배가 고픈 덩컨이 먹을거리를 찾으러 떠나게 부추긴 건 도파민만이 아니다. 여기엔 코르티솔과 도파민이 함께 작용했다. 이 맥락에서 코르티솔의 목적은 행동하게 하는 것, 머무르던 곳에서 다른 곳으로 이동하게 하는 것이다. 코르티솔이 분비되면 불편한 느낌이 들고 불안한 상태가 되어 그 상태에 머무르고 싶지 않아진다.

덩컨이 잠에서 깨어나 배가 고프다는 걸 깨달았을 때, 일어나서 이동해야 한다는 느낌을 먼저 유발한 건 코르티솔이다. 사과를 눈앞에 떠올리고 얼마나 맛있을지 상상하게 한 건 뒤따라 분비된 도파민이고 말이다. 도파민은 표적을 향해 우리를 끌고 가는 마법의 힘과 같다. 도파민이 유발하는 기분은 코르티솔이 유발하는 기분보다 훨씬 쾌적하다. 이 두 가지 힘이 덩컨을 편안한 짚 침대에서 꾀어내 사과나무가 있는 위험지대로 보냈고, 마침내 사과를 찾아내도록 만들었다.

즉 삶을 주도하는 힘에는 두 가지 종류가 있는 것이다. 바로 고통을 피하는 힘과 쾌락을 추구하는 힘이다. 고통을 피하게 하는 것은 코르티솔의 역할로, "해야 한다"는 말로 자주 표현된다. 반면 도파민은 쾌락을 추구하게 하는 힘으로, 도파민에 주도될 때 우리는 "하고 싶다"고 말한다. 둘 다 결과적으로 한 지점에서 다른 지점으로 이동하게 하지만, 그 과정에서 하는 경험들은 매우 다르다. '산책을 가고 싶다'와 '산책을 가야 한다'의 차이를 생각해보자. '일하러 가고 싶다'와 '일하러 가야 한다'의 차이는 어떤가? 느낌이 완전히 다르지 않은가? 조금 단순하게 보면 '해야 하는 것'과 '하고 싶은 것'으로도 구분할 수 있다.

가진 것과 갖고 싶은 것 사이의 간극에서 스트레스가 발생한다고 생각하면 된다. 날마다 몸무게가 많이 나간다고 한탄한다면 분명 스트레스를 받을 것이다. 그러면 헬스장에 갈 의욕이 생길 순 있겠지만, 스트레스는 운동으로 얻을 수 있는 최대한의 효과를 누리지 못하게 막는다. 만약 이 불만을 추진력의 원천으로 삼거나 감정적 목표로 변환할 수 있다면 가진 것과 갖고 싶은 것 사이의 간극은 코르티솔 대신 도파민을 분비시킬 것이다.

적당한 스트레스가 주는 활력

도파민과 코르티솔 사이의 관계는 훌륭하고 환상적인 인간의 조건이다. 하지만 으레 그렇듯 단점도 있다. 이 대단한 메커니즘은 너무나 많고 새로우며 불필요한 스트레스 원인이 만들어지는 사회를 인류가 빠른 속도로 창조하는 데도 기여했다. 다음은 스트레스를 유발하는 요인들이다.

- 세상을 부정적으로 비추는 뉴스
- 혈당을 치솟게 하는 정제당
- 비뚤어진 가치관을 형성시키는 SNS
- 마감일에 너무 의존하는 기업 문화
- 행복보다 성과를 중시하는 문화
- 현재보다 미래의 목표를 중시하는 문화
- 도시의 커다란 소음
- 대기오염이 주는 간접적 스트레스
- 삶의 균형을 무너뜨리는 업무 비중
- 도파민을 훔치는 디지털 세계
- 아이를 향한 과도한 보호와 감시
- 스마트폰 알림
- 항상 뭐든지 구할 수 있다는 기대
- 외로움과 사회적 고립
- 곳곳을 돌아다닐 자연스러운 이유의 부재
- 노후를 걱정하게 하는 불충분한 연금 제도
- 자극적인 콘텐츠로 이목을 끄는 문화

목록을 읽는 것만으로도 스트레스를 받았다면 미안한 일이다. 그런데 덩컨이 살던 시대에는 이 이유들로 스트레스를 받을 일이 거의 없었다. 물론 옛날 사람들은 아프거나 다칠까 봐 스트레스를 경험했겠지만, 잠재적 스트레스 원인은 단 몇 가지 정도에 불과했다. 현대인은 옛날보다 편하게 살고 있는데도 왜 기분이 좋지 않은 걸까? 항상 코르티솔이 우리의 관심을 끌려 하고, 도파민이 매혹적인 다양한 제안으로 유혹한다는 게 부분적으로나마 답이 될 것이다.

하지만 이거 하나는 명확히 하고 싶다. 제한적인 적당량의 스트레스는 쾌적한 정도를 넘어 환상적으로 좋다! 스트레스를 받으면 인간은 살아 있음을 느끼고, 혈관을 따라 피가 온몸을 약동하는 감각이 생생해진다. 스트레스 호르몬 중 하나인 노르아드레날린이 분비될 때는 집중력이 높아지는 덕분에 천하무적이 된 기분이 들기도 하고, 헬스장에서 고난도의 운동을 하기 전에 뿜어져 나오는 아드레날린은 우리가 무척 튼튼하게 살아 있음을 느끼게 해준다. 노련한 스카이다이버에게 물어본다면 자신들은 스트레스를 적극적으로 찾아나선다고 인정할 것이다. 스트레스가 주는 아드레날린 급등 상태에 중독돼서 점점 더 작은 낙하산을 사용하고 더 위험한 다이빙을 하려고 하는 것이다. 이처럼 적은 양의 스트레스는 삶의 묘약이자 훌륭한 에너지원이다.

나는 냉수욕을 좋아한다. 냉수욕만큼 강한 스트레스를

주는 경험도 별로 없는데, 단식과 비슷하다고 볼 수 있다. 나는 스트레스가 없는 삶을 선택할 생각은 전혀 없지만, 강하든 약하든 만성적인 스트레스가 있는 삶도 선택하고 싶지 않다. 대다수의 인간은 불행히도 선뜻 인정하지 못하거나 심지어 깨닫지 못해서 건강에 해로운 장기적인 스트레스를 견디며 살아간다. 스트레스가 우리의 정신과 신체 건강에 끼치는 해로운 영향 몇 가지를 살펴보자.

- 만성 통증
- 소화불량
- 심혈관계 질환
- 기억력 감퇴
- 의욕 상실
- 과체중
- 불면증
- 무기력
- 잦은 감기
- 약해진 면역력

앞에서 코르티솔이 면역계를 강화한다고 말한 내용을 기억하는가? 물론 맞긴 하지만 이건 단기적인 강화다. 스트레스가 오래 지속되면 오히려 면역계에 해롭다. 어딘가에 세게 긁

힌 상황을 떠올려보자. 몸에 상처가 나면 염증 반응이 일어나서 상처 부위가 붉어지고 붓는다. 작동을 시작한 면역계는 백혈구를 불러모으고 새로 만들며 친염증성 사이토카인(몸속에서 세포끼리 소통하는 데 사용되는 신호 물질)을 생산한다. 사이토카인이 하는 일은 면역계의 다른 세포들을 자극해서 트립토판(세로토닌의 구성 요소로 등장했던 그 트립토판이다)을 키누레닌으로 바꾸는 것이다. 키누레닌은 몸속에서 퀴놀린산과 키누렌산 같은 물질이 되는데, 신경 독성이 있는 두 물질은 장기적으로 생겨나면 우울한 기분을 유발한다.

그런데 염증 반응은 몸의 상처로만 생기는 게 아니라 심리적으로 스트레스를 받을 때도 생긴다! 심리적 스트레스는 약한 만성 염증을 일으킬 수 있고(정확한 메커니즘은 아직 과학적으로 밝혀지지 않았다), 이때 세로토닌은 감소한다. 지금까지의 내용을 잘 이해했다면 스트레스가 세로토닌 양과 정신 건강에 이중으로 악영향을 준다는 사실을 파악했을 것이다. 염증 반응은 세로토닌 생산에 중요한 구성 요소인 트립토판을 소모할 뿐만 아니라, 다른 생화학 공정으로 트립토판을 넘겨줘서 신경 독성 물질을 생산시킨다! 그렇다면 우리 몸은 왜 트립토판으로 세로토닌을 생산하는 대신 염증 반응을 보이기로 선택할까? 답은 간단하다. 좋은 기분을 유지하는 것보다 생존이 훨씬 더 중요하기 때문이다.

만성 스트레스의 위력

만성 스트레스란 항상 긴장되고 정상적인 휴식을 취해도 긴장이 잘 완화되지 않는 상태라고 정의할 수 있다. 스트레스가 얼마나 지속되어야 만성으로 구분하는지는 연구마다 기준이 다르지만, 대개 한 달에서 네 달 사이를 평균으로 여긴다. 만약 네 달 동안 사자에게 가차 없이 쫓기고 있다고 느낀다면 만성 스트레스에 시달리는 것이기에 조치를 취해야 한다. 눈에 띄는 문제가 없었다는 핑계로 수년 동안 만성적인 스트레스에 시달렸다는 사실을 인정하지 않은 채 계속 그렇게 살겠다고 생각할 수도 있다. 하지만 지금 당장은 이상이 없어도 언젠가는 문제를 일으킬 가능성이 매우 높다.

2020년, 나는 만성 스트레스 상태에 빠진 상태였다. 1월에는 모든 게 괜찮았다. 전 세계를 돌아다니며 강의를 스물다섯 개씩 진행 중이었고, 여러 인터뷰와 녹음에 참여하고 있었다. 불과 일주일 만에 두 대륙의 여섯 나라에서 강의를 할 정도로 바쁜 나날이었다. 속속들이 알고 편안히 할 수 있는 일을 하고 있었기 때문에 그땐 이 정도 속도에 그다지 스트레스를 느끼지는 못했다.

그러다 한 달 정도가 지나자 코로나19가 발발하며 세상이 멈추었다. 일주일 사이에 그해 계획되어 있던 모든 일정이 증발해버렸고, 앞으로 들어올 우리 팀 열 명의 수입이 몽땅

사라진 셈이었다. 그래도 나는 중심을 잘 잡는 편이라 상황에 대처할 자신이 있었다.

일주일 뒤, 나는 SNS 활동에 전력을 기하는 쪽으로 사업을 개편했다, '헤드게인HeadGain'이라는 이름의 웹사이트를 열어 온라인 강의를 올리고 디지털 녹음 스튜디오를 짓기로 했는데, 처음 해보는 일이었기에 원격 영상 회의와 온라인 강의에 대해 자문을 구할 전문가도 없는 상황이었다. 우리가 할 수 있는 일이라곤 그저 자료를 찾고 이런저런 시행착오를 거쳐 방법을 찾는 것이었다.

결국 어느 정도 정리되는 데 반 년이라는 시간과 몇 억에 달하는 큰돈이 들었지만 그만한 가치가 있다고 확신했다. 코로나19가 세계를 휩쓴 시기에 나는 다른 이들처럼 속도를 늦추는 대신 전부를 걸고 새로운 준비에 돌입했다. 힘든 상황 속에서도 우리 팀은 정말 잘해내고 있었다. 여름 동안 박차를 가하면 가을에 많은 신제품과 서비스를 개시할 수 있었고, 무사히 진행만 된다면 회사가 탄탄대로에 올라설 터였다. 하지만 단 3일 사이에 모든 게 바뀌어버리고 말았다. 예상치 못한 두 가지 재앙이 닥친 것이다.

첫 번째 재앙은 6월 초에 벌어졌다. 집에서 업무를 보고 있는데 갑자기 아들이 뛰어 들어오더니 외쳤다.

"엄마가 쓰러졌어요!"

나는 하던 일을 즉시 멈추고 마리아를 향해 달려갔다. 마리아는 집 바깥 계단에 누운 채 겨우 말을 잇고 있었다. 웅얼거리는 말소리는 겨우 알아들을 수 있는 수준이었다. 공황, 눈물, 구급차… 모든 혼란이 한꺼번에 닥쳐왔다. 심지어 코로나19로 접촉이 제한된 터라 나는 아무 설명도 듣지 못했고, 마리아와 함께 병원에 들어가는 일도 허용되지 않았다. 그렇게 억겁 같은 시간이 지나고 다행히도 마리아에게 전화가 걸려 왔다. 경미한 뇌졸중 때문에 벌어진 일이었고 다행히 괜찮아졌지만 오랜 기간 회복이 필요하다고, 마리아는 아주 느린 목소리로 설명해주었다.

그로부터 이틀 뒤, 두 번째 재앙을 발견했다. 회사 재정 업무를 도와주던 친구가 체계적으로 사업을 말아먹고 있던 것이다! 코로나19 급여 보조금 지원 사업에서 떨어졌다고 하길래 어딘가 이상해서 뒤늦게 수소문하다가 알게 된 사실이었다. 나는 스웨덴 경제·지역성장청에 직접 전화를 걸어 떨어진 게 맞는지 물어봤는데, 그쪽에선 지원서를 받은 적이 없다고 말했다. 나는 뭔가 잘못됐음을 감지하고 이 문제에 계속 파고들었다. 요약하자면 내막은 완전히 대참사였다. 사흘이 지나자 잘 번창 중인 듯하던 우리 회사는 사업 허가를 취소당했고, 사업자 계좌는 거의 텅 빈 상태에 이르렀다. 그때 경험한 스트레스는 말로 설명할 수 없다. 내겐 전보다 더 열심히 일하는 것과 여태껏 이룩한 모든 걸 잃어버리는 두 가지 선택지가 있었다.

심지어 아내가 쓰러진 다음 날은 어느 성공 코칭 회사의 디지털 강의를 하루 종일 녹화하기로 얘기가 되어 있던 상황이었다. 나에게 선택권이 있었을까? 그들에게 전화해서 취소해달라고 말할 수 있었을까? 나는 계속 밀고 나가는 수밖에 없었다. 셀프리더십과 스트레스 메커니즘을 누구보다 잘 알던 나였지만, 동시에 벌어진 어려운 문제들 사이에서 균형을 잡느라 휘청거리는 게 현실이었다.

명상과 운동을 하고 잠을 푹 자려 노력했지만 머지않아 내 몸이 만성 스트레스 상태라는 게 명백해졌다. 아내가 쓰러지고 두 달이 지나자 손목터널증후군이 생겨 어깨에서 손가락까지 신경 통증이 퍼져나간 것이다. 심지어 눈에 염증이 생기는 홍채염에도 걸렸다. 면역계가 자기 자신을 마구 공격해 댔다. 안 그래도 회사에서 맞닥뜨린 문제들을 해결하고 가족에게 신경 써야 할 때 이런 일들이 벌어진 게 야속했다. 나는 결국 스스로를 지나치게 채찍질했고, 그 과정에서 수명이 몇 년은 줄었다고 확신한다.

최악의 최악이 겹쳤지만 계속해서 나아가기 위해 최선을 다했다. 그렇게 시간이 흘러 2022년 2월이 되었을 땐 그래도 많은 게 나아져 있었다. 마리아는 자신의 훌륭한 셀프리더십 기술 덕분에 완전히 몸을 회복했고 내 건강도 정상으로 돌아온 상태였다. 직전 해 여름에 직원들과 친구들이 회사 일을 도와준 덕에 사업 허가도 다시 받을 수 있었고 말이다.

결국 계획대로 디지털 강의 플랫폼 헤드게인을 열었고 거기에 강의들, 500개의 짧은 영상, 책 세 권 분량의 서면 자료를 올려 대중에게 공개했다. 그러자 놀랍게도 다음 해 2월이 되자 전 세계 이용자 수가 1000명을 넘기 시작했다! 그해 우리 회사는 SNS로 큰 성공을 거두었다. 유튜브 구독자가 5000명에서 20만 명으로, 인스타그램 팔로워는 5000명에서 14만 5000명으로, 틱톡 팔로워는 한 명도 없던 상태에서 200만 명으로 늘어나 스웨덴에서 일곱 번째로 큰 틱톡 계정으로 자리매김했다. 이후에는 미국 구글에서 스토리텔링 강의를 한 덕에 나는 미국에서도 이름을 떨칠 수 있었다. 스웨덴 출신 연사들이 성공할 엄두를 내지 못하는 곳인 미국에서 말이다.

짐작하겠지만 내 인생에서 2020년과 2021년은 최악이자 최고의 시기였다. 몹시 힘겨운 경험이었지만 많은 걸 배울 수 있는 기회이기도 했다. 셀프리더십 기술이 없었다면 그때의 난 쉽게 허물어져버렸을 것이라 확신한다.

정원의 활기를 되찾는 법

정원을 가꾸는 정원사는 내가 셀프리더십의 지침으로 삼는 멋진 비유다. 정원사는 눈부신 정원을 가꾸어 그곳에 아름다운 꽃들을 채운다. 장미는 세로토닌을, 튤립은 도파민을 상징하고 테스토스테론, 에스트로겐, 프로게스테론을 의미하는 꽃들도 기른다. 옥시토신은 멀쑥하고 잘생긴 해바라기다. 그는 화려하고 무성한 이 정원이 자랑스럽다.

그러던 어느 날, 장미 덤불 옆에서 일하고 있을 때 팔에 물방울이 떨어진다. 정원사는 '마침내 비가 오는군!' 싶어 웃음이 나고, 집으로 들어가 차를 한잔 마시며 창가에서 정원에 비가 내리는 모습을 지켜본다. 정원의 꽃들이 건강하게 자라기 위해서는 비가 꼭 필요하다. 인간이 정말 건강하려면 가끔씩 적은 양의 스트레스가 필요하듯이 말이다.

그런데 비가 몇 주 동안 그치지 않고 계속 내리자 슬슬 걱정이 되기 시작한다. 멈추지도 않고 한 달 내내 비가 내리다니! 정원사는 영광스러운 과거의 희미한 기억일 뿐인 정원을 바라본다. 꽃들은 시들어 보인다. 진흙이 튀어 있고 색깔도 잿빛을 띠는 걸 보아하니 아무래도 거의 죽은 듯하다. 이것이 바로 오래 지속된 스트레스다. 알다시피 만성 스트레스는 여섯 가지 중요한 호르몬에 직접적인 영향과 간접적인 영향을 모두 준다. 수년간 만성 스트레스와 싸운 후에 컨디션이 최상이 아닌 건 놀라운 일이 아니다.

이런 상황에서 사람들은 쇼핑하고, 여행하고, 맛있는 음식을 먹고, 영화 보고, 집을 꾸미거나 리모델링하며 기운을 차리려 한다. 하지만 이런 활동은 끝나는 즉시 스트레스와 부정적 생각들이 돌아와 금세 이전만큼 비참해진다. 공황 상태에 빠진 정원사가 곧장 달려나가 장미, 히비스커스 덤불, 튤립을 급하게 새로 심는 격이다. 정원은 아주 잠깐 생명을 되찾는 듯하지만 멈추지 않는 비에 결국 다시 굴복하고 만다.

장기적으로 도움이 되는 유일한 방법은 비의 양을 줄이는 것, 즉 부정적인 만성 스트레스를 줄이는 것이다. 만성 스트레스를 줄이겠다고 결심하기만 해도 근사하고 굉장한 효과가 나타날 수 있다. 해가 다시 뜨고, 화단이 마르고, 맑은 날씨가 이어지는 나날 중에 잠깐씩만 비가 온다면 정원은 어떻게 될까? 아마 저절로 원래의 모습을 회복할 것이다. 그러면 정원사는 애쓰지 않아도 창가에 서서 꽃들이 되살아나는 모습, 화려하고 다양한 빛깔이 돌아오는 모습을 지켜볼 수 있다. 삶도 마찬가지다.

다양한 강연을 하며 많은 사람을 만나다 보면 기분을 극복하지 못해 힘겨워하는 사람도 자주 만나곤 하는데, 이들은 근본적인 기쁨이 없는 것 같다고 하거나 우울증에 빠지는 기분이 든다고 표현한다. 그런 사람을 만날 때마다 나는 일단 부정적인 스트레스를 적어보라 하고, 그걸 감당 가능한 정도로 느끼거나 완전히 사라질 때까지 체계적으로 줄여나가라 권한다. 어떤 사람은 그러기 위해 다른 지역으로 이사를 가는 등 과감한 결단을 내리기도 하고, 또 다른 사람은 스트레스를 유발하던 비교적 작은 문제들부터 해결해나가기도 한다.

스트레스 자유자재로 조절하기

사실 부정적 스트레스란 존재하지 않고, 특정 상황을 어떻게 해석하는지가 관건이라고 생각해본 적이 있는가? 도시의 소음과 독소가 유발하는 스트레스를 예외로 치면, <mark>스트레스를 부정적으로 만드는 것은 그 경험을 인식하는 자신이다.</mark> 좋은 소식은 이 깨달음을 무기 삼아 결국에는 삶의 모든 부정적 스트레스를 없앨 수 있다는 것이다!

캐나다 토론토대학교의 심리학자 말레나 콜라샌토와 케임브리지대학교의 정신의학자 에마누엘레 펠리체 오시모는 체내 염증이 우울 증상을 유발하고, 우울증이 있는 이에게 주로 염증이 있다는 사실을 밝혀냈다. 나 자신과 수강생들을 관찰하며 알게 된 흥미로운 사실은, 감기에 걸렸을 때 우울한 감정이 수면 위로 떠오른다는 것이다. 감기가 몸에 염증이 생기기 때문에 걸린다는 사실을 고려하면 그리 신기한 일은 아니긴 하다. 이렇게만 보면 염증이 무조건 좋지 않다고 생각할 수도 있지만, 사실 염증 반응은 우리 몸에서 아주 중요한 역할도 맡고 있다. 해로운 미생물을 제거하고, 죽은 세포를 청소하고, 손상된 조직을 수선하고, 감염을 억제하는 일이 모두 염증 반응의 몫이기도 하다.

만성 스트레스가 유발하는 만성 염증은 미미하지만 부정적인 영향을 끼치며 악마의 칵테일에 사용되는 기본 재료다.

이 바람직하지 않은 형태의 염증을 피하는 가장 좋은 방법은 충분히 운동하고, 건강에 좋은 식사를 하고, 부정적인 스트레스를 줄이는 것이다. 우리 몸이 항상 이런저런 위협을 피해 다녀야 한다는 생각을 품지 못하게 해야 한다. 그렇다면 이제 스트레스의 본질, 긍정적 효과, 잠재된 부정적 효과를 알았으니 필요할 때마다 스트레스를 만들거나 줄이는 데 쓸 수 있는 실용적인 기술을 살펴보자.

1 ✳ 스트레스 맵 만들기

스트레스 맵은 내가 우울증을 극복하기 위해 개발한 첫 번째 기술이자 가장 중요한 기술이다. 우울이 극에 달했던 어느 여름, 나의 하루 일과는 내내 흐느껴 울며 침대에 붙어 있는 것이었다. 아무것도 하고 싶지 않았고 먹는 일조차 부질없게 느껴졌다. 모든 게 무의미했고 통제할 수 없는 암흑이 나를 집어삼키는 바람에 할 수 있는 유일한 행동이라고는 오직 울기뿐이었다. 당시 운영하던 카페에 좋아하는 싱어송라이터가 손님들을 위해 노래하러 오곤 했는데, 멀찍이 서서 노래를 들어도 아무런 느낌이 들지 않을 정도였다.

그러던 8월의 어느 날, 마리아가 침대 가장자리에 앉아 말을 건넸다.

"데이비드, 내가 다 책임질게. 우리 세 아이, 모든 식사 준비, 청소, 카페 운영, 회사, 농장, 직원들을 비롯한 모든 걸. 당신은 아무것도 하지 않아도 돼."

그 말을 하고 마리아가 자리를 뜬 직후에는 별다른 느낌이 없었지만, 2주 정도가 지나자 나는 울음을 그쳤다. 시간이 더 흘러 한 달이 지났을 땐 안도감을 느꼈고, 오랫동안 느끼지 못하던 의욕이 서서히 되살아나기 시작했다. 아내의 행동이 내 정원에 내리던 비를 멈춰준 것이다. 그리고 그 덕분에 무사히 회사로 돌아갈 수 있었다.

우울을 극복하기 위해 내가 취한 첫 번째 조치는 스트레스 맵이었다. 현재 스트레스를 받고 있다고 느끼든 그렇지 않든 시도해보는 걸 추천한다. 방법은 비교적 간단하다. 우선 스트레스 주는 모든 것을 종이에 적자. 그리고 다음 표를 참고해 각 유발 원인을 '제거 가능' '해결 가능' '모름' 중 하나로 분류하자. '제거 가능'은 삶에서 제거할 수 있다고 즉시 판단되는 것, '해결 가능'은 당장 스트레스를 주긴 하지만 더 이상 스트레스가 되지 않을 때까지 감당하며 버틸 수 있는 것, '모름'은 어떻게 처리해야 할지 모르는 것을 뜻한다. 처음에는 잘 몰랐던 스트레스 원인이 대두될 때도 있으므로 6개월마다 새로운 맵을 만들어보는 게 좋다.

'제거 가능' 스트레스를 없앤다면?
- 한결같이 나를 깎아내리는 친구나 친척과 절연하기
- 흡연과 음주 끊기
- 스마트폰 알림 끄기
- 비싼 물건 중 거의 안 쓰는 것 팔기
- 새 직장을 찾거나 직장 내 인사이동 신청하기
- 기분을 악화시키는 앱 삭제하기
- 업무 일정을 짤 때 반드시 중간중간 휴식 시간을 넣기
- 마감일을 빡빡하게 정하지 않기
- 책임지지 않아도 되는 일까지 떠맡지 않기
- 지나치게 많은 일을 맡지 않기

'해결 가능' 스트레스를 없앤다면?
- 배우자와 의견이 충돌한다면 타인을 있는 그대로 받아들이는 연습하기
- 갈등이 발생하면 성장의 기회라 여기기

- 목표를 너무 높게 잡았다면 여러 개로 작게 나누기
- 현관에 아이의 신발이 마구 널부러져 있다면 그게 정말 중요한 문제인지 큰 그림을 그려보기
- 자신에 대한 비판적인 생각이 들면 생각 하나당 장점 세 가지를 대응시키기
- 지금 이 순간에 머무르기 어렵다면 빠른 도파민 자극원을 몇 개 제거하기
- 자신감이 떨어진 느낌이 든다면 할 수 있는 작은 일을 해보고 성취 하나하나를 축하하기
- 하루종일 피곤함에 시달린다면 수면의 질을 높이기 위한 방법을 시도해보기
- 함정에 빠진 기분이 든다면 이 장의 여덟 번째 기술에 나오는 '가짜 믿음' 내용 참고하기
- 부정적인 마음이 든다면 내면을 들여다보고 그 이유를 찾아 긍정적으로 해석해보기

'모름' 스트레스를 없앤다면?

여기로 분류된 스트레스 원인은 사람마다 매우 다르기 때문에 예시를 들기가 어렵다. 대부분은 스스로 해결책을 찾지 못하는 경우인데, 상황을 해결할 용기나 필요한 기술이 없어서 그렇다. 이상하고 불가능하게 들리겠지만 사실 99퍼센트의 문제는 해결할 수 있다. 전통적인 의미로 해결하든 관점을 바

꿔서 더 이상 문제 삼지 않든 말이다.

내가 모른다고 분류한 항목 중에는 인간관계 갈등에 대한 공포가 있었다. 하지만 갈등을 도전 과제이자 학습과 성장 경험으로 여기기 시작하자 하나씩 처리해나가는 식으로 관점을 바꿀 수 있다는 사실을 깨달았다. 나 자신을 있는 그대로 받아들일 용기가 없는 것도 어찌 해결해야 할지 미지수였는데, 다행히도 뒤에서 소개할 '집중 질문' 개념을 활용해 해결할 수 있었다. '어떻게 하면 튀지 않을 수 있을까?'라는 질문을 '어떻게 남들에게 영감을 줄 수 있을까?'로 바꾼 것이다. 이 하나를 바꾸자 삶은 어마어마하게 달라졌다.

2 ✳ 급할 땐 명상하기

간혹 강의 일정이 빠듯하게 짜일 때가 있다. 급할 때는 헬리콥터에서 내려 대기하고 있던 택시를 타고 5분 전에 겨우 도착할 정도다. 이렇게 준비 시간이 5분밖에 없을 때는 무슨 말을 할지 준비하는 데 절대 쓰지 않는다. 대신 명상을 한다. 명상에는 이로운 점이 아주 많지만, 내가 주목하는 건 명상이 코르티솔 양을 줄어들게 해서 머리가 맑아지고 감정과 조화로운 상태가 된다는 점이다. 그렇게 5분을 보내면 긴장이 풀리고 통제된 상태로 무대로 나가 마이크를 켤 수 있게 된다.

명상을 어떻게 해야 하는지는 198쪽에 소개해두었으니 참고해서 따라 해보기 바란다.

3 ✳ 사랑의 감정 불러일으키기

스트레스를 받으면 악영향을 상쇄하기 위해 옥시토신이 분비된다. 이 과정을 돕고 싶다면 누군가를 껴안거나, 마사지를 받거나, 명상을 하거나, 핸드폰을 꺼내 연민과 사랑의 감정을 불러일으키는 사진이나 영상을 보면 된다. 나는 우리 집 아이들 사진을 볼 때가 많다. 만성 스트레스가 옥시토신 분비를 줄인다고 이야기한 내용을 기억하는가? 2014년 《정신의학 연구 저널Journal of Psychiatric Research》에 실린 연구도 우울증을 앓는 여성이 우울하지 않은 여성보다 옥시토신 양이 현저히 적다는 사실을 발견했다. 이처럼 만성 스트레스는 우울증으로 이어질 수 있다.

4 ✳ 꾸준히, 적당히 운동하기

운동은 스트레스를 감당하는 능력을 높여준다. 특히 바쁜 일정을 소화해야 하는 사람이라면 신체 운동이 필수다. 나도 마찬가지다. 일주일 정도 운동을 쉬면 스트레스를 감당하는 능력이 약해지는 걸 바로 느낀다. 하지만 극단적으로 강도 높은 운동은 필요한 양보다 더 많은 스트레스를 만들어낸다는 사실을 기억하자. 스트레스를 많이 받는 상황이라면 강도 낮은 운동이 도움이 될 것이다.

5 ✳ 긴장 풀고 몸 움직이기

발표할 때 스트레스 받는 사람들의 공통점은 갑자기 얼어붙어서 레이저 포인터를 든 채로 모서리에 숨거나, 도망치고 싶은 마음에 연단 위를 왔다 갔다 한다는 것이다. 이런 버릇은 움직임을 미리 계획해서 스트레스를 쉽게 줄일 수 있다. 어느 위치에 설 것인지, 이 말을 할 때는 어디로 움직이고 저 얘기를 할 때는 어디로 움직일지 미리 계획하는 것이다. 파워포인트 슬라이드를 손으로 가리킬 타이밍을 정하고, 소품들을 약간 멀리 둬서 가지러 갈 때 움직이도록 계획하자. 긴장을 풀고 움직일수록 스트레스를 덜 느끼는 법이다. 인생에서도 마찬가지다. 움직이면 기적처럼 스트레스가 줄어든다.

6 ✳ 호흡 속도 조절하기

스트레스를 일시적으로 완화하는 아주 강력한 수단이 있다면, 그건 바로 호흡이다. 1분 동안 길게 몇 번만 하는 수준으로 호흡 속도를 바꾸면 뇌에 만사가 순조롭고 현재 위험하지 않다는 신호를 보내는 것과 같다. 여러 요인에 따라 정확한 수치는 달라지지만 1분에 6~8회 정도 호흡하면 단시간에 가장 차분해지는 효과를 낼 수 있다. 지금 바로 시도해봐도 좋다. 타이머로 1분을 설정하고 호흡 횟수를 세면 된다. 긴 들숨과 날숨에 집중해보자. 숨을 참는 게 아니라 들숨과 날숨의 길이를 조절하는 것이다. 1분이 지나면 아마 더 진정된 느낌이 들 것이다.

생리학적 한숨도 멋진 호흡법이다. 두 번 빠르게 들이쉬면서 폐를 되도록 크게 팽창시킨 다음, 아주 천천히 내쉬면서 폐를 수축시킨다. 그러고 나서 마무리로 소리 내 한숨을 쉬자. 이걸 대여섯 번 되풀이하면 된다. 한숨과 느린 호흡의 차이는 전자가 폐를 더 많이 팽창시켜 몸에서 이산화탄소를 효율적으로 배출한다는 점이다. 날숨의 끝에 소리 나는 한숨을 덧붙이는 건 미주신경이 후두에 매우 가깝게 지나가기 때문이다.

미주신경은 진정과 이완에 가장 중요한 신경으로, 미주신경이 활성화되면 부교감신경계가 몸의 거의 모든 조직에 신호를 보내 아무 일도 없음을 알린다. 우리가 성대로 내는 소리 중에는 미주신경을 특히 더 효과적으로 자극하는 소리들이 있는데, 소리 나는 한숨이나 신음이 그런 종류다. 명상할 때 '옴' 같은 만트라를 사용하는 것도 비슷한 이유에서다.

호흡법은 인간의 의지와 의도를 관장하는 전전두엽 피질이 통제권을 갖도록 하는 훌륭한 방법이다. 통제 불가능한 스트레스나 불안에 시달릴 때 정신적인 방법에만 의존하면 자기통제권을 되찾기 어렵다. 이런 상황에서는 긴장을 푸는 호흡부터 시작하는 게 훨씬 낫다. 그러고 나서 사고 패턴을 깨거나 행동을 바꾸기 위해 정신적 도구들을 사용하면 된다. 예를 들어 스트레스 상황에 놓였다면 먼저 2분 동안 차분하게 호흡하고(생리학적 기술), 제삼자에게 말하듯 자신에게 말을 건네보는 것이다(정신적 기술).

7 ✳ 관점 바꾸기

초조함과 긍정적인 기대에 대한 생리학적 반응이 사실상 똑같다는 사실을 아는가? 이상하게 느껴질지 몰라도 사실이다. 실제로 많은 연구가 부정적 스트레스 경험을 재정의해 긍정적으로 표현할 수 있다는 걸 증명했다. 그 예로 《실험심리학 저널Journal of Experimental Psychology》에 실린 행동과학자 앨리슨 우드 브룩스의 연구를 살펴보자.

이 실험에서 참가자들은 록 밴드 저니의 노래 〈믿음을 잃지 마세요Don't Stop Believin'〉을 부르라는 요청을 받았다. 한 그룹은 노래 전 자기 자신에게 "불안해"라 말해야 했고, 다른 그룹은 "신이 나"라 말해야 했다. 결과적으로 참가자들의 경험은 완전히 달랐다! 신이 난다고 말한 그룹의 참가자들은 상대 그룹보다 노래를 더 잘 불렀고 편안해했으며 즐거워했다. 이들뿐만 아니라 중요한 시험이나 발표를 치르는 사람들에게도 비슷한 효과가 나타났다. 실험 결과처럼 사람들은 자신이 하는 일이 피곤하고 신경 쓰이는 게 아니라 신난다고 표현할 때 훨씬 더 잘해낸다.

8 ✶ 가짜 믿음 극복하기

처음 운전을 배울 때 온갖 절차가 얼마나 어려웠는지 기억하는가? 액셀, 클러치, 계기판, 거울, 변속기를 비롯한 모든 기능을 숙달하느라 정신이 없었을 것이다. 하지만 차를 운전한 지 6개월쯤 흐른 뒤를 생각해보자. 어느덧 이 모든 과정이 자연스럽고 쉬워졌을 테다. 꼭 운전이 아니더라도 처음에는 고도로 집중해야 했지만 금세 습관처럼 익숙해져서 의식하지 않아도 쉽게 할 수 있게 된 일이 분명 있을 것이다.

학습된 절차를 자동화해 근육 기억에 통합시키는 기능은

경이롭다. 감정을 자동화하는 기능도 비슷하긴 하지만, 언제나 이롭게 작동하지 않는다는 점에서 차이가 있다. 태어난 지 얼마 되지 않은 아기는 어떤 상황에서 어떤 방식으로 느껴야 하는지, 어떤 감정을 느껴야 하는지 모르고 부모도 어떤 감정을 언제 느껴야 하는지 매번 완벽하게 가르쳐주지는 못한다. 보통은 다양한 상황을 직접 경험해가며 가정에서 익힌 지식을 보완해야만 한다.

서른다섯 살이 될 때까지 나는 내가 못생겼고 여성이 무섭다는 가짜 믿음을 가지고 있었다. 대체 어떻게 그런 이상한 믿음과 감정을 가지게 된 걸까? 이런 믿음이 언제 시작되는지 따져보았더니, 그 근원은 초등학교 5학년 때 학교에서 열린 파티였음을 깨달았다. 그날 천장에는 작은 디스코 볼이 매달려 있었고, 음향 기기에서는 가수 록시트의 〈그건 사랑이었을 거야It Must Have Been Love〉가 쾅쾅 울려댔다. 여자아이들은 한쪽 구석에서 키득거려댔고 남자아이들은 다른 쪽 구석에 모여 있었다.

이날 나는 그동안 좋아해온 안나에게 함께 춤을 추자고 말해보기로 다짐했었다. 한참 머뭇거리며 수없이 팝콘을 리필해오고 나서야 나는 마치 갓 태어난 기린처럼 다리를 후들거리며 무도장을 가로질러 안나에게 향했다. 막상 앞에 도착하니 시간이 멈춘 듯했다. 안나가 뒤돌아보자 나는 목청을 가다듬으며 물었다.

"같이 춤출래?"

하지만 안나의 대답은 충격적이었다.

"아니."

세상이 무너지는 듯했고 내 인생도 끝장난 것 같았다. 모든 게 완전히 무의미하게 느껴졌다. 6주 뒤 내 사랑이 캐럴라인을 향하기 전까지는.

그런데 다음 파티에서도 똑같은 상황이 벌어졌다. 그렇게 다섯 명을 특별한 애정의 대상으로 점찍었다가 전부 거절당하고 나자, 나의 뇌는 심리적 고문에서 스스로를 보호하기 위해 두 가지 가짜 믿음을 창조해냈다. 첫 번째는 여성이 고통의 원천이므로 피하는 게 가장 좋다는 것이었고, 두 번째는 내가 못생겼다는 것이었다. 나는 이 두 가지 믿음에 사로잡힌 채 살아갔다. 우리 뇌가 감정을 자동화하기 위해, 그리고 고통으로부터 자신을 보호하기 위해 이런 믿음들을 창조한다는 사실을 알게 된 서른다섯 전까지 말이다. 나를 새롭게 재창조하기 위해 한 일 중 하나는 그간의 믿음 중에서 발목을 잡고 있던 것들을 일일이 적어 목록을 만들고 하나하나 손보는 것이었다. 가짜 믿음을 제거하기 위해 내가 찾아낸 방법 중 가장 좋은 세 가지 기술은 다음과 같다.

현실을 객관적으로 재평가하기

'나는 못생겼다'라는 내가 만든 진실을 없애기 위해 현재의 상황을 정확히 바라보고자 했다. 종이 두 장과 펜만 있으면 된다. 첫 번째 종이에는 예전의 진실을 형성한 사건과 경험을 적는다. 나는 내가 못생겼다는 가짜 믿음을 형성하는 데 특별히 기여한 네다섯 가지 기억과 나름의 근거들을 적었다. 두 번째 종이에는 반대 증거를 보여주는 상황을 적는다. 나는 누군가가 외모를 칭찬했거나, 내면적 혹은 외면적 매력에 관심을 기울인 모든 경험을 적었는데, 적고 보니 그간 모른 체하던 반대 증거가 제법 많았다. 두 개의 목록을 나란히 놓고 보니 진짜 진실이 뭔지 명백히 알 수 있었고, 내가 스스로에 대해 지금껏 지녀온 부정적 이미지도 금세 허물어졌다.

정해놓은 기준을 확장하기

예전에는 내가 좋은 리더가 아니라는 생각을 줄곧 하며 살았다. 리더십에 문제가 있다고 생각했다기보다는 좋은 리더의 조건에 대한 가짜 믿음을 갖고 있던 것이다. 좋은 리더는 사랑을 베풀어야 하고, 사랑을 베푸는 사람이 아니면 좋은 리더가 될 수 없다고 생각했다. 하지만 좋은 리더의 조건에 대한 생각을 확장하고 나자 욕구가 강하고 선명한 미래상을 지닌 사람도 유능한 리더가 될 수 있다는 걸 깨달았다. 잘못된 기준을 적용하고 있었다는 걸 깨달은 마흔네 살에 나는 새로운 깨달음에 도달하는 간단한 변화로 이전에 습득한 가짜 믿음을 없앨 수 있었다.

가짜 믿음은 우리 눈을 멀게 한다. 심지어 자동화되고 나면 거기에 좌우지되고 있다는 걸 눈치채지 못한다. 자신이 충분히 여성적이지 못하다고 느끼는 여성이나 충분히 남성적이지 못하다고 느끼는 남성에게도 같은 원리를 적용할 수 있다. 결국 여성성이나 남성성이 어떤 것인지 스스로 내면화한 '믿음'이 관건이기 때문이다. 이 믿음이 실제로 어디서 왔는지 자신에게 묻고 대안이 되는 기준을 찾아 적용하면 그간 발목을 잡아온 오래된 믿음에서 해방될 수 있다.

되돌아보고 결심하기

가짜 믿음이 사실은 어리석다는 걸 인식하고 나면 이를 무너뜨리고 극복할 수 있다. 생각보다 간단한 일이다. 내가 방향치라는 가짜 믿음을 극복했을 때가 그랬다. 나를 방향치라고 설정하면 재미나게 풀어놓을 이야기가 많았기에 그렇게 믿어왔다는 사실을 깨달은 것이다. 이 믿음은 즐거움을 주는 인물을 만들어냈고, 나는 사회적 상황에서 그 인물의 가면을 쓰곤 했다. 문제는 실제로 내가 방향치가 아니라는 것이었다. 평소에 방향을 헷갈려하던 일들은 뇌가 길가의 많은 걸 분석하고 생각하는 데 너무 열중한 나머지 표지판을 못 보고 지나쳤기 때문이었다. 앞으로는 표지판을 놓치지 않고 살피겠다는 결단을 내리자 놀랍게도 다음부터 문제는 바로 해결되었다.

9 ✵ 서로 다른 믿음 조정하기

믿음끼리 충돌하는 것도 스트레스 원인이 될 수 있다. 이런 상황을 '인지부조화'라고 한다. 한 사람이 양립 불가능한 두 개의 믿음을 지니는 것, 배우자나 전 세계 사람의 믿음과 충돌하는 것이 모두 인지부조화에 해당한다.

몇 년 전 나는 난생처음 두 개의 믿음이 상충하는 경험을 했다. 첫 번째 믿음은 열여덟 살 때 만들어졌는데, 다소 피상적인 삶의 목표와 관련이 있었다. 스물다섯 살에 포르쉐를 소유하고, 서른 살에 백만장자가 되고, 지중해 어딘가에 살며 마흔두 살에 은퇴하는 게 당시 내 목표였다. 그런데 살아오면서, 특히 서른다섯 즈음부터는 새로운 믿음이 점차 뿌리를 내렸다. 전 세계 어린이에게 무료로 커뮤니케이션 훈련을 제공하고 싶어진 것이다. 은퇴를 꿈꿨던 마흔두 살이 막상 되자 이 두 가지 믿음이 정면충돌했고, 병행할 방법을 찾지 못했기에 극심한 스트레스와 피로에 시달렸다. 이런 경험은 처음이었다.

이 상황은 집에서 운동하던 중 처음으로 분노 발작을 겪자 제법 극적으로 해결되었다. 쌓인 감정이 터지며 스스로에게 화가 난 나는 고함을 치고, 물건을 던지고, 머리카락을 쥐어뜯다 마지막에는 요가 매트 위에 쓰러졌다. 그러고는 열여덟 살 때부터 최우선 목표였던 은퇴를 포기해야 한다는 사실을 마침내 받아들였고, 곧 천사의 칵테일을 세 배 농도로 마신 듯한 강렬한 안도감을 느꼈다.

자녀의 방이 깨끗해야 한다고 생각하는 사람이 있다 해보자. 그런데 배우자는 그게 별로 중요치 않다고 생각한다면 두 사람의 믿음은 충돌한다. 어느 쪽도 절대적으로 옳은 건 아니지만 두 사람의 확신이 양립 불가능하면 관계는 나빠지고 만다. 이럴 때는 둘 중 한 사람이 신념을 바꿔서 차이를 받아들이겠다고 선택하는 쪽이 스트레스를 최소화하고 장기적으로 좋은 관계를 이끌어가는 가장 좋은 방법이다. 물론 단순히 차이를 받아들이겠다고 생각만 해서는 진정한 변화를 만들 수 없다. 상대가 가진 신념의 긍정적인 면을 높이 사고, 서로가 만들어낸 균형에 감사하는 마음을 가져야 비로소 진정한 합의를 이룰 수 있다.

상충하는 믿음은 그 강도와 얼마나 철저히 지키고 싶은지에 따라 투지와 스트레스 정도가 달라진다. 예를 들어 자연환경에 신경 쓰는 마음가짐을 중시하는 사람이라면, 같은 수준으로 환경을 생각하지 않는 사람이나 비슷하게 노력을 기울일 준비가 되지 않은 모든 사람과 충돌할 것이다. 그런 사람이 비행기를 타고 어딘가로 가기로 했다 해보자. 비행기를 타는 건 지구의 자원을 고려했을 때 지속 가능한 생활 방식이 아니지 않은가. 이때 이 사람이 경험할 인지부조화의 정도는 기존 신념이 얼마나 강했는지에 따라 달라진다.

10 ✳ 주체적으로 동기부여하기

스웨덴 룬드대학교의 마르티나 스벤손 연구팀은 쥐로 스트레스 실험을 진행했다. 첫 번째 쥐는 원할 때마다 쳇바퀴를 돌게 했고, 두 번째 쥐는 첫 번째 쥐가 뛸 때 강제로 뛰게 했다. 결과적으로 두 번째 쥐는 스스로 원할 때 뛴 쥐보다 훨씬 스트레스를 많이 받았다. 무엇이 달랐을까?

자발적으로 원하는 일을 할 때 분비되는 물질인 도파민은 어떤 일이 즐겁고 긍정적으로 느껴지게 해서 스트레스를 줄인다. 그렇다면 무엇을 하든 진정한 동기를 찾는 게 굉장히 중요하다는 결론을 도출할 수 있다. 동기를 찾지 못하면 도파민 대신 코르티솔과 스트레스가 우리를 주도할 위험에 처하게 될 것이다.

흥미롭게도 도파민이 코르티솔에 주도권을 넘겨줄 때는 그 여파가 눈에 보인다. 처음엔 의욕이 불끈 넘치는 상태로 일을 시작하고 도파민이 원활히 흐르지만, 몇 년이 지나면 의욕보다는 스트레스를 더 많이 느끼지 않는가. 지나치게 야심찬 목표를 세웠거나, 중간에 관리자나 동료가 바뀌었거나, 동기가 부족한 새로운 작업을 맡았기 때문일 수도 있다. 그러면 스트레스를 받으며 코르티솔에 끌려가게 된다. 즉 맡은 일을 끝마치기 위해 강제로 일해야 한다는 뜻이다. 오랜 기간 코르티솔이 과하게 분비되면 술배가 나올 수도 있다. 갑자기 술배가 웬말인가 싶지만 다 이유가 있다. 근육에 연료를 공급해 활성화시켜야 할 코르티솔이 너무 오랫동안 작용하는 바람에 오히려 혈당이 늘어나 배에 축적되어 비만 현상이 나타나는 것이다.

11 ✳ 패턴 깨뜨리기

비판을 듣고서 나중에 그 내용을 자신에게 되풀이하는 모습을 발견할 때가 있다. 그런데 <mark>뇌는 같은 내용을 반복할수록 이 비판이 기억해야 할 중요한 사실이자 생존에 필요한 것이라 확신한다.</mark> 어느새 '진실'이 되어버리는 것이다. 그러면 뇌는 새로운 믿음을 연신 되풀이해 알려줄 테고, 이 순환은 끊임없이 지속된다. 나중에는 이런 일이 일어나고 있는 걸 알아차리지도 못할 정도로 같은 패턴이 반복되고 만다.

언젠가 누군가에게 코가 크다는 말을 듣곤 그 이야기를 계속 되풀이했다 치자. 그러면 뇌는 그게 중요한 정보라 판단해서 점점 잦은 빈도로 코가 크다는 말을 스스로에게 반복하게 된다. 원리는 간단하다. 뇌에 어떤 정보를 자주 입력할수록 그것이 믿음으로 굳어져 되풀이될 가능성이 높아지는 것이다. 의식적으로 개입하지 않더라도 말이다.

이럴 때 패턴을 깨뜨리는 기술을 유용하게 사용할 수 있다. 관건은 사고 순환이 완성되지 못하도록 막는 것이다. '내 코는 못생겼어. 너무 크고 어색해'라고 생각하는 대신, '내…' 에서 생각의 흐름을 멈추려고 애쓰자. 뇌가 같은 말을 되풀이하지 못하게 하자. 문장을 완성하지 않은 채로 두면 뇌는 이 생각이 더는 중요치 않다는 신호를 받게 되고, 반복하는 횟수가 점점 적어진다.

심리학자 바나비 D. 던은 참가자에게 자동차 충돌 사고 현장을 보여주며 패턴 깨뜨리기 기술의 효과를 평가하는 실험을 진행했다. 사진과 영상을 본 즉시 패턴을 깨고 다른 것을 생각하라는 지시를 받은 그룹은 사진과 영상을 보고 연신 되새긴 그룹보다 감정적인 영향을 덜 받았으며 사고의 세부 사항을 잘 기억하지 못했다. 요약하자면 부정적인 비판을 받았을 때, 이를 경청하고 배울 점을 배우고 나서 패턴을 깨뜨리자는 말이다. 기억하고 싶지 않은 광경을 봤을 때도 패턴을 깨뜨리는 게 좋고 말이다.

이처럼 비판을 들었을 때 패턴 깨뜨리기 기술을 이용하면 처음 몇 분 혹은 몇 시간 만에 순환을 막을 수 있다. 하지만 이미 몇 년 동안 새겨진 믿음이라면, 내 경험에 비춰보았을 때 2~3주 동안 일관성 있게 패턴을 깨뜨리는 연습을 해서 무너뜨릴 수 있다. 나는 단어 게임, 호흡 연습, 음악 감상, 드라마 시청, 친구와의 통화, 명상, 호흡, 찬물 세수, 노래하기, 예상치 않은 행동이나 몸짓 해보기, 주변 환경 속 특정한 사물이나 색깔을 세고 관찰하기 등 외부의 세세한 특징에 집중하는 기술을 즐겨 사용한다.

가끔 이 기술이 그리 유용하지 않을 때가 있는데, 바로 불안이 통제 불가능한 상태로 뻗어나가는 순간이다. 이럴 때는 불안을 받아들이고 진정 기술과 호흡 기술을 이용해 스트레스 반응을 가라앉히는 게 더 낫다. 불안의 패턴을 깨뜨리려 하면 마치 불안을 피해 '달아나는' 것처럼 느껴져서 기분이 더 악화되기 때문이다.

스트레스가 필요한 순간

이 시점에서 예상치 못한 방법 하나를 설명하려 한다. 바로 스트레스를 점진적으로 '증가'시키는 것이다! 대체 왜 그래야 할까? 적은 양의 스트레스는 오히려 큰 도움이 되기 때문이다. 침대에 누워 울기만 한 그해 여름, 피검사 결과 코르티솔 수치가 극도로 낮았다. 그래서 그렇게 진이 빠졌던 것이다. 나는 코르티솔 수치를 올리기 위해 스트레스 맵을 작성했고 날마다 명상을 한 덕에, 다행히 6개월 뒤에는 수치가 정상으로 돌아와 에너지를 회복할 수 있었다.

강의 직전이나 어떤 이유로든 의욕이 없다고 느낄 때면 나는 일부러 스트레스를 받으려 한다. 뭔가에 쫓기고 있다고 상상하면 공포스러운 상황을 쉽게 연출할 수 있다. 혹시 필요하다면 다음 설명대로 간단히 연습해보자. 각 단계에 5~20초 정도만 할애하면 된다. 아마 코르티솔이 분비돼서 에너지가 많아지고, 아드레날린이 나와 약간의 흥분이 느껴지고, 노르아드레날린 덕분에 감각이 고도로 집중되는 경험을 할 것이다. 하지만 불안증을 앓는 사람이라면 시도하지 않는 게 좋다. 급속한 과호흡은 불안 발작을 일으킬 수 있기 때문이다. 연습을 시작했더라도 어지럽거나 몸이 불편해진다면 즉시 멈추기를 바란다.

❶ 앉는다.
❷ 쫓기는 중이라 상상한다.
❸ 머리와 눈을 빠르게 이리저리 움직인다.
❹ 몸의 모든 근육을 긴장시킨다.
❺ 뭔가에 쫓기듯 방 안과 등 뒤를 둘러본다.
❻ 빠르고 격렬하게 호흡한다.

상상을 끝내고 나면 보너스로 앞에서 언급한 느린 호흡법도 시도해보자. 흥미진진하고도 매력적인 대비를 경험할 수 있을 것이다!

코르티솔 제조법 정리

스트레스는 경이롭다. 스트레스 받는 기간이 짧고 양이 적을 때는 오히려 건강에 좋으므로 새로운 활동을 시작하고, 신나는 일을 찾아내고, 편안한 영역에서 벗어나 모험하고, 어려운 문제에 도전해 그 과정에서 배울 점을 발견하며 날마다 스트레스를 조금씩 즐기는 게 좋다. 그러나 강도 높은 스트레스가 오랜 기간 지속되면 해롭다. 혹시 지금의 삶이 그렇다면 스트레스 맵, 패턴 깨뜨리기, 명상, 가벼운 신체 운동, 믿음 점검하기 같은 기술을 써보자. 앞서 살펴본 호르몬 중에서는 옥시토신이 스트레스를 많이 완화해주므로, 두 번째 장에서 설명한 내용을 되도록 많이 일상에 적용해보기 바란다. 반복해서 말하지만 스트레스가 나쁘기만 한 건 아니다! 적절한 스트레스는 삶에 활력을 불어넣는 데 큰 도움이 된다. 너무 의욕이 없거나 각성이 필요한 순간에는 일부러 스스로를 긴장시켜 코르티솔을 분비시켜보자.

엔도르핀

고통 끝에 찾아오는 기쁨

삶의 유포리아Euphoria(극도의 환희와 행복감을 느끼는 상태―옮긴이)인 엔도르핀 장에 도착한 걸 환영한다. 엔도르핀이라는 이름은 체내에서 유래한 물질을 가리키는 말 '엔도지너스Endogenous'와 고대 로마 꿈의 신 '모르페우스Morpheus'의 이름을 딴 아편제제 '모르핀Morphine'이 합쳐진 것이다. 어원을 따지자면 엔도르핀은 몸속에서 생성된 모르핀인 셈이다. 엔도르핀은 의학용 모르핀과 달리 인간이 스스로 생산할 수 있으며, 통증 완화 외에 다른 목적으로도 사용된다. 엔도르핀은 삶에 취한 느낌을 받고 싶을 때 천사의 칵테일에 첨가하면 딱 좋은 물질이다.

1 * 통증을 제대로 느끼기

엔도르핀을 마음대로 분비시키는 건 생각보다 어렵지 않다. 여러 가지 방법 중에서도 좀 더 즐거운 방법을 소개하겠다! 엔도르핀의 주관적인 경험을 논의하는 데 좋은 기준점이 될 예시다. 두 개의 방을 바쁘게 드나들다가 문지방에 발가락이 아주 세게 부딪힌 적이 있는가? 무시무시한 통증이 몰려왔을 것이다. 사실 이때 통증이 발생하고 10초 뒤 엔도르핀이 치솟는 현상을 경험하게 되는데, 나는 이 순간을 반드시 즐긴다. 발가락이나 몸의 다른 부위를 찧었을 때 바닥에 등을 대고 누워 차분하게 숨을 쉬며 열까지 세면서 천장을 빤히 바라보는 것이다. 그러면 쏟아져나오는 엔도르핀이 일으키는 유포리아에 가까운 희열에 휩싸이게 된다. 이 기분은 1분 정도 지속되며 희열은 안도감으로 변하고 통증은 이내 거의 사라진다. 물론 뼈가 부러지지 않았다는 전제하에 말이다.

오래전 어느 날의 기억이 아주 선명하게 떠오른다. 마리아가 몸이 아프다고 불평한 날이었다.

"그저께 헬스장에 가서 그런가."

나는 마리아의 얼굴을 바라보며 말했다.

"근육통을 느낀다는 거지? 운동하고 나면 통증을 느끼는 게 당연한 거야. 근육통은 운동을 열심히 했다는 증거고."

마리아는 약간 주저하는 듯했지만 고개를 끄덕이며 알겠다고 대답했다. 그리고 한 달 뒤, 마리아는 신나게 부엌으로 뛰어 들어오며 말했다.

"근력 운동을 했더니 몸 곳곳에서 근육통이 느껴져. 기분이 아주 좋아!"

역설적이게도 통증은 즐거울 수 있다. 내가 좋아하는 냉수욕도 그렇다. 30초까지 세고 나서야 엔도르핀이 흘러나오는 게 느껴지는데, 일단 분비되면 기분이 그렇게 좋을 수가 없다!

못으로 이루어진 침대에 누워본 경험도 결코 잊을 수 없다. 마비될 듯한 두려움이 순식간에 완벽한 유포리아로 바뀌다니! 엔도르핀 때문이었다고 확신할 수는 없지만 엔도르핀이 나온 다른 상황과 매우 비슷했다. 통증을 긍정적으로 여기지 않았다면 못 박힌 침대에 올라가는 일은 없었을 테고, 침대 위에서 느낀 좋은 기분을 결코 경험하지 못했을 것이다. 피검사를 받을 때도 마찬가지다. 통증을 두려워하는 부정적인 관점과 현대 의학이 얼마나 대단한지, 이렇게 쉽게 피검사를 받을 수 있으니 얼마나 감사한지 하는 긍정적인 관점 사이에는 믿기지 않을 정도로 크나큰 차이가 있다.

마지막으로 내가 생각해낸 무모한 방법 하나는 몸을 추위에 노출시켜 의도적으로 갈색지방조직을 성장시키는 것이었다. 건강에 이로운 측면이 많은 갈색지방조직은 우리 몸의 작은 화로, 즉 추울 때 몸속에서 불을 붙이는 열원이라고 생각하면 된다. 나는 누구나 참여할 수 있는 '노르딕 1월 티셔츠 챌린지'를 열었다. 1월 내내 상체에 티셔츠 한 장만 입고 사는 챌린지였다. 당연히도 너무 추웠기 때문에 처음 2주 동안은 쉬지 않고 밤낮으로 덜덜 떨며 지냈다. 고문 같지만 동시에 엄청난 매력이 있는 것도 사실이었다.

나는 챌린지에 참여하며 두 가지 사실을 발견했다. 하나는 아침 산책을 한 뒤 에너지가 마구 넘쳤다는 것이다. 반면 추운 날씨에 알맞게 껴입은 친구들은 산책 후 오히려 피곤해했다. 또 하나는 2주 반이 지나자 얼어붙을 것처럼 추운 느낌이 사라졌다는 것이다. 그 뒤로는 옷을 여러 겹 입는 게 불편할 지경이었다. 어쩌면 두 가지 변화는 내 몸에 갈색지방조직이 늘어났다는 증거일 수도 있다. 애초에 비만, 당뇨, 인슐린 저항성, 암 예방, 심혈관 기능 향상을 비롯해 갈색지방조직이 주는 건강상의 이점들을 얻고자 얼어죽을 것 같은 통증을 선택했던 건데, 추위를 느끼지 않게 되는 장점도 추가로 얻을 수 있었다! 다른 참가자들은 어땠을까? 절반 정도가 끝까지 버텼고, 버틴 이들은 다들 자랑스러워 보였다.

일시적 추위, 배고픔, 운동처럼 통증을 건설적으로 활용할 수 있다 해도 일단 아프다고 하면 많은 사람이 금세 피하는 쪽을 선택하곤 한다. 하지만 정면으로 도전하고 접근한다면 성장할 기회를 얻는 셈이며 기분도 훨씬 좋아질 수 있다.

2 ✳ 매운 음식 먹기

방금까지 통증이 엔도르핀을 분비시킨다는 걸 확인했다. 그렇다면 입안이 아플 때도 그럴 거라 짐작할 수 있겠다. 매운 음식을 생각해보자. 먹으면 입안이 얼얼하고 화끈거리는 느낌 때문에 매운 음식이 중독적이라고들 하는데, 이 말은 반은 맞고 반은 틀리다. 엔도르핀에는 중독성이 없으므로 완전히 맞는 말이라 보기는 어렵기 때문이다. 하지만 매운 음식에 자극된 통각이 어떤 식으로 엔도르핀을 분비시키는지는 아까 본 사례들을 바탕으로 쉽게 이해가 갈 것이다.

3 ✶ 진짜 미소 짓기

미소를 지으면 엔도르핀뿐만 아니라 세로토닌과 도파민도 생성된다. 그런데 원할 때 미소를 짓는 게 가능할까? 그리고 그렇게 했을 때 자발적으로 미소가 떠오를 때처럼 기분이 좋아질까? 총 1만 1000명이 참여한 138개 연구 데이터를 망라한 대규모 메타 연구는 참가자가 실험 설계에 따라 지시를 받고서든 자발적으로든 미소를 지었을 때 더 행복했다는 결과를 발표했다.

나는 이 연구 결과를 보고 내가 진정한 미소를 짓지 못한다는 생각이 들었다. 진정한 미소란 신경학자 기욤 뒤셴이 정의한 개념으로, 그의 이름을 붙여 '뒤셴 미소'라 부른다. 뒤셴은 진정한 미소란 눈 둘레 근육과 광대뼈부터 입가까지 이어지는 근육이 함께 수축할 때 발생한다고 말한다.

뒤셴 미소를 지으면 믿음직한 사람으로 여겨질 수 있고, 결혼 가능성이 높아지고 이혼 가능성은 줄어들며, 더 행복하고 오래 살 수 있다. 뒤셴 미소를 알게 되고 당장 구글 포토에 접속해 가족사진 6만 장과 내 사진 5000장을 한참이나 훑어보았지만 진정한 미소를 짓고 있는 사진은 하나도 찾을 수 없었다. 어른이 된 이래로 대부분의 시간을 우울해하며 보냈다는 사실을 고려하면 그리 놀랄 일은 아니었다. 반면 과거 사진 속 나는 진정한 미소를 짓고 있었다. 아마 살아가며 뒤셴 미소를 어떻게 짓는지 잊어버린 듯하다.

이 주제에 온전히 몰두한 나는 연습을 거듭했다. 이웃 사람들은 분명 내가 엄청난 사이코패스라고 의심했을 것이다. 그런데 반복해서 입꼬리를 올려보아도 생각만큼 미소가 시원스레 지어지지 않았다. 아무래도 기준이 될 미소가 필요했고, 뒤셴 미소를 직접 경험해보는 게 좋을 것 같았다.

나는 무엇 때문에 가장 행복해지는지, 무엇이 뒤셴 미소를 지을 가능성을 높이는지 곰곰이 생각했다. 그러자 몇 주간 출장에 다녀온 뒤 집으로 돌아왔을 때 딸이 신발도 신지 않은 채 차 쪽으로 달려와 나를 꼭 껴안으며 보고 싶었다고 말하는 장면이 떠올랐다. 이 기억을 떠올린 뒤에는 곧바로 계획을 세웠다. 다음번에 집을 오래 비웠다가 돌아와서 딸이 나를 껴안는 바로 그 순간에 뒤셴 미소가 지어지는지를 느껴보기로 한 것이다.

그렇게 몇 주가 지나고 상상하던 장면이 눈앞에 펼쳐졌다. 차가 진입로에 들어서자 현관문이 활짝 열렸고, 딸은 양말 바람으로 달려와 팔다리로 나를 껴안으며 으레 그랬듯 머리를 기댔다. 그 순간 내 얼굴이 평소와 다르게 움직이는 걸 느꼈다. 나는 집안에 들어서자마자 화장실로 직행해 거울을 들여다보았고, 놀랍게도 거울 속의 나는 눈부시게 아름다운 미소를 짓고 있었다. 나도 뒤셴 미소를 지을 수 있는 사람이라는 증거가 생긴 것이다. 드디어 기준이 될 기억이 생겼기에 그때부터는 맹연습을 시작했다.

몇 개월이 지나자 진정한 미소를 짓는 일이 자연스럽게 느껴졌다. 원할 때마다 뒤셴 미소를 지을 수 있는 이 능력은 발표나 미팅이나 강의를 하다 초조해질 때 특히 효과적이었는데, 재빨리 뒤셴 미소를 지으면 금세 신경이 가라앉았다. 효과가 있는 걸 보면 미소가 엔도르핀을 분비시켜 통증을 줄여준다는 사실이 자명해 보인다. 불안할 때 미소를 지으려 하거나 두려울 때 웃음을 내뱉는 것도 다 같은 이유에서인지 모른다.

4 ✴ 배 아플 만큼 웃기

미소의 연장선상에 있는 웃음은 발가락을 부딪혔을 때만큼이나 강력한 유포리아를 만들어낼 잠재력을 가지고 있다. 뱃속에서부터 터져 나오는 진짜 웃음을 생각해보자. 배 근육에 경련이 이는 듯한 느낌이 드는 종류의 웃음 말이다. 이런 웃음은 어느 정도 잦아들었을 때 행복에 취한 느낌이 든다.

웃음과 미소는 효과에서 어떤 차이가 있을까? 웃음은 배 근육을 활성화시켜 미소보다 훨씬 많은 양의 엔도르핀을 분비하도록 돕는다. 이 때문에 배에서부터 웃는 행위를 바탕으로 한 '웃음 요가'가 화제가 되기도 했다. 흥미롭게도 뇌에 오피오이드 수용체가 많은 사람일수록 재밌는 대상 앞에서 잘 웃는 경향이 있다고 한다. 축하할 일이다!

엔도르핀에는 알파엔도르핀, 감마엔도르핀, 베타엔도르핀이 있다. 베타엔도르핀은 연인과의 신체 접촉이나 단체 활동에서 느끼는 소속감 같은 사회적 관계와 상황을 탐구한 많은 연구에서 강조된 바 있다. 타인의 감정을 해석하는 능력을 높여주고, 그들의 상황에 공감하도록 돕는 베타엔도르핀의 효과는 사회적 상황과 결부된 보상 체계라는 가설도 있다. 사회생활을 하다 보면 자연스레 미소를 짓게 되지 않는가. 인지 신경 과학자 소피 스콧 교수는 혼자 있을 때보다 사회적인 만남 도중에 웃을 확률이 30퍼센트 더 높다고 주장한다.

웃음이 꼭 우스운 대상을 볼 때만 나오는 반응은 아니다. 그보다는 일종의 사회적 신호로 더 자주 쓰인다. 웃음과 미소는 기분을 좋아지게 할 뿐 아니라 사회적 유대도 높여준다.

유감스럽게도 예전의 나처럼 미소도 거의 짓지 않고 잘 웃지 않는 사람이 꽤 많다. 하지만 연습하면 누구나 다시 잘 웃을 수 있다. 앞서 소개한 사례처럼 내가 바로 살아 있는 예시다!

5 ✳ 기분 전환 플레이리스트 듣기

이란 테헤란의과대학교 T. 나자피 게젤제의 연구를 비롯한 여러 조사는 음악이 통증 역치를 올려주는 엔도르핀을 분비시켜 고통을 완화할 수 있다는 사실을 밝혔다. 세계 몇몇 지역에서 음악은 마취제로 적극 사용된다. 감정적 고통을 진정시켜야 할 때 자주 듣는 종류의 음악이 있는가? 물론 내게도 있다! 그게 나의 힐링 플레이리스트였음을 깨달은 건 음악과 엔도르핀의 상관관계를 알고 나서였다.

6 ✳ 초콜릿 잔뜩 먹기

초콜릿을 사랑하는 사람들이여, 기뻐하라! 2017년, 의과대학 교수 테아 마그로네 박사는 엔도르핀이 불러일으키는 유포리아를 누리기 위해 해야 하는 일은 단 한 가지, 그저 초콜릿을 잔뜩 먹기만 하면 된다는 사실을 입증했다. 초콜릿을 먹으면 도파민 양이 150퍼센트나 늘어난다고 밝혀졌으니, 초콜릿은 맛으로나 효과로나 두 배로 유익하다. 다만 내가 느끼기에 발가락 통증이 야기하는 유포리아와 비교하면 그렇게까지 강렬하진 않은 것 같다.

7 ✳ 신나게 춤추기

나는 코로나19 때문에 발생한 700일이라는 봉쇄 기간 중 약 400일을 집에서 카메라 앞에 선 채 강의를 하며 보냈다. 처음에는 에너지를 끌어올리는 게 어려웠지만 머지않아 해결 방법을 개발해냈다. 촬영 기사에게 미리 설치해둔 디스코 조명과 특수 조명을 켜고 신나는 노래를 틀어달라 부탁한 뒤, 강연 전에 나 혼자 3분가량 춤을 춰대는 것이었다. 그러고 나면 기분이 엄청나게 좋아졌고 저절로 흥이 났다. 춤출 때 엔도르핀이 분비되기 때문이다. 다른 사람과 함께 추는 것도 좋다. 그러면 통증 역치가 높아질 뿐만 아니라 서로 간의 사회적 유대도 강해지는 일석이조의 효과를 얻을 수 있다. 이 두 가지 효과는 엔도르핀과 관련 있을 가능성이 매우 높다. 기분 좋아지는 칵테일이 필요하다면 춤을 추자. 언제나 효과가 좋다.

8 ✷ 냉수욕의 고통 즐기기

1000번도 넘게 냉수욕을 해본 고수의 입장에서 볼 땐 사실 대부분의 사람이 잘못된 방식으로 냉수욕을 하고 있다. 아니, 잘못되었다기보다는 더 최적화된 방식으로 즐기고 이득을 얻을 수 있는 방법이 있다고 말하는 게 맞을 듯하다. 이 기술은 내가 정착한 최적의 냉수욕 비법이기도 하다. 물론 냉수욕 자체가 미칠 영향을 책임질 수는 없기에 얕은 물이나 주변에 사람이 있는 곳에서 시도하기를 권한다.

일단 냉수에 즉시 들어가서 반드시 어깨를 푹 담그는 게 중요하다. 그러면 곧바로 부교감신경이 통증과 인지된 위험에 반응해서 몸이 긴장하고 과호흡이 시작된다. 냉수욕 경험이 없는 사람이라면 이 시점에 미친 듯이 물에서 도망치려 할 테고, 만약 목욕탕 안이라면 열탕에 있는 사람들이 감탄이나 야유 섞인 눈길을 보낼 것이다. 하지만 이때 물에서 나오지 말자!

냉기를 참으며 할 수 있는 한 천천히 코로 숨을 들이마시고 입으로 내쉬자. 호흡을 통제할 수 있어지면 곧장 의도적으로 근육을 이완시키자. 차분한 호흡과 근육 이완은 즉각적인 스트레스 반응을 통제할 수 있게 돕는다. 15초쯤 지났다면 다시 15초를 더 기다리고 나서 얼굴을 물속에 집어넣자. 그러면 타고난 잠수 반사 반응이 활성화돼서 심장박동수는 줄어들고 호흡은 더욱 느려진다. 그러다 30초가 흘렀다면 이때쯤부터 엔도르핀이 통증을 완화하고 행복감을 주는 효과를 경험할 수 있으리라. 이 시점은 근육을 이완하자고 다시 한번 상기하기 알맞은 단계이기도 하다. 그렇게 45초 정도가 흐르면 이 경험을 온전히 즐길 수 있게 된다. 신체 감각에서 세상의 아름다움으로 주의를 돌려보자. 야외에 있다면 새 소리에 귀를 기울이고, 실내에 있다면 타일의 색상과 패턴을 즐겁게 감상하는 것이다. 15~30초 동안 주변 환경을 감상한 다음엔 밖으로 나와 냉수욕 성공을 축하하자!

물에서 나오면 몸에서 벌어지는 모든 반응을 잠시 만끽하고 자신을 둘러싼 모든 아름다움에 고마워하자. 그러면 다량의 엔도르핀, 노르아드레날린, 도파민이 든 칵테일의 효과가 느껴질 것이다. 냉수욕의 효과는 보통 몇 시간 동안 지속된다. 아직 과학적으로 밝혀진 적은 없지만 냉수욕이 선사하는 감격스러운 만족감과 자부심에는 세로토닌도 한몫한다고 생각한다. 냉수욕 하나로 1분 만에 공황 상태에서 유포리아로 이동할 수 있는 것이다. 다른 방법으로는 감정을 이렇게 빠르게 전환하기 어렵다.

나는 모든 셀프리더십 강의에서 계절에 관계 없이 수강생이 냉수욕을 시도해볼 수 있게 도와준다. 여태껏 많은 사람이 냉수욕을 경험할 수 있도록 이끌어주었고, 불안 발작을 경험한 적 있는 사람들도 실시간으로 지도받으며 냉수욕을 하니 별 탈 없이 증상을 다스릴 수 있었다. 이 경험은 호흡으로 스스로를 통제할 수 있다는 사실과, 통증에서 달아나기보다 대담하게 받아들였을 때 얼마나 강해지는지를 명확하고 설득력 있게 보여준다.

엔도르핀 제조법 정리

체리 한 알이나 라임 한 조각처럼 엔도르핀은 천사의 칵테일에 올라간 멋진 토핑이다. 지금의 나는 미소 짓고 깔깔 웃기를 좋아하는 사람이라, 예전에 미소조차 짓지 않던 시절이 있었다는 사실이 도리어 이상하게 느껴진다. 만일 너무 웃음 없이 지내고 있는 사람이라면 스스로를 위해 꼭 연습하기를 간청한다! 더 자주 미소 짓고, 웃음을 터뜨리고, 수많은 엔도르핀을 보슬비처럼 뿌려 천사의 칵테일이 선사하는 효과를 극대화하자. 춤을 한판 거하게 추거나, 달리기를 하거나, 즐거운 냉수욕을 해서 엔도르핀을 치솟게 해 유포리아를 느껴보는 것이다. 이참에 통증은 무조건 나쁘기만 하다는 고정관념도 버리자! 때로는 고통을 버텨냈을 때 강렬한 엔도르핀이 찾아오기도 하는 법이다. 문지방에 발가락을 찧는 일처럼 고통은 갑작스레 찾아오기도 하지만, 결국엔 그 끝에서 행복을 맛보는 습관을 들여보자.

테스토스테론

나만의 전투력을 최대치로

테스토스테론의 멋진 세계로 온 것을 환영한다! 테스토스테론은 천사의 칵테일에 첨가했을 때 어떤 장점이 있는지 살펴볼 여섯 번째이자 마지막 호르몬이다. **테스토스테론에 관한 가장 큰 오해는 공격적인 행동을 유발한다는 선입견인데, 앞으로 알게 되겠지만 반드시 그렇지만은 않다.**

신경과학자 로버트 새폴스키는 테스토스테론의 주된 효과를 '증폭 효과'라고 설명한다. **테스토스테론은 우리가 사회적 지위를 개선하기 위해 이미 사용하고 있는 기술들을 증폭시킨다.** 다시 말해 세로토닌 양이 현재의 사회적 지위를 반영하고, 테스토스테론은 그 사회적 지위를 개선하는 데 도움을 주는 것이다. 사회적 지위를 높이기 위해 사용할 수 있는 기술 중 하나가 폭력이기에 테스토스테론이 인간을 공격적으로 만든다는 이야기가 있는 것이다.

그러나 사회적 지위를 높이기 위해 선택한 기술이 상냥함이라면, 테스토스테론은 폭력이 아닌 상냥함을 증폭시킨다. 유머 감각 기술을 선택한다면 우리를 더 재밌게 만들어줄 것이고, 새로운 발명품이나 아이디어를 생각해내는 편이라면 창의성을 증폭시켜줄 것이다. 새폴스키는 인터뷰에서 이렇게 농담하기도 했다. "아마 스님들에게 다량의 테스토스테론을 투여하면 누가 친절한 행동을 더 많이 하는지 치열하게 경쟁할 겁니다." 그의 말처럼 테스토스테론은 이미 하고 있는 행동을 증폭하는 대단히 강력한 물질이다.

더 깊은 이야기로 들어가기 전에 남성과 여성은 성호르몬인 테스토스테론과 에스트로겐을 모두 가지고 있다는 사실을 주지할 필요가 있다. 남성은 테스토스테론이, 여성은 에스트로겐이 더 많을 뿐이다. 만약 남성과 여성 모두 각자의 테스토스테론 비율이 똑같은 양만큼 증가하면 어떨까? 신기하게도 둘은 거의 비슷한 심리적 효과를 느낀다. 수많은 셀프 리더십 강의를 해보고 내가 내린 결론은, 여성 수강생이 테스토스테론 분비 연습을 훨씬 즐거워하고 변화하는 양도 더 잘 인지한다는 것이다. 어쩌면 여성이 남성보다 테스토스테론이 급등하는 경험을 할 기회가 적기 때문인지도 모르겠다.

책을 잠시 내려놓고 자신이 사회적 지위를 높이는 접근법에는 어떤 것들이 있는지 생각해보자. 지위를 위협받거나 더 탄탄히 하고 싶을 때 두드러지는 행동이 무엇인지 찾아보는 것이다. 완전히 새로운 사회적 상황에서 어떻게 행동하는지, SNS에 어떤 내용을 올리는지, 직장이나 학교에서 주의를 끌고 인정받고 싶을 때 어떤 행동을 하는지 같은 질문들을 던져보자. 긍정적이기만 해야 하는 건 아니다. 공격성도 사회적 지위를 높이는 수단으로 이용될 수 있다. 타인을 깎아내리고, 비하하고, 험담하고, 과장하고, 희생양인 척하고, 언제나 본인이 옳다고 주장하는 행동이 그렇다. 조금 더 미묘하게는 언성을 높이고 우월한 언어와 몸짓 언어를 사용하는 행동도 포함된다.

테스토스테론은 위험을 무릅쓸 때도 큰 역할을 한다. 테스토스테론 양이 많을수록 위험을 감수하고 싶어 하는 경향이 크다. 그런데 이때 테스토스테론이 구체적으로 어떤 역할을 하는지는 아직 여러 의견이 대립하고 있으며, 다른 물질도 관여하는 듯하다. 심리학 연구자인 제니퍼 쿠라스와 루이 마타의 최근 논문에 따르면, 다소 미미하긴 하지만 위험을 감수하게 하는 데 코르티솔과 테스토스테론이 복합적으로 영향을 미친다고 한다.

테스토스테론의 세 번째 대단한 효과는 자신감을 강화시킨다는 점이다. 인지신경 과학자 하나 쿠틀리코바는 테스토스테론이 경쟁심과 관계가 있고 포기할 가능성을 줄인다고 밝혔다. 행동경제학자 콜린 캐머러는 테스토스테론 양이 증가할 때 충동 억제 능력이 약해진다는 사실을 입증했는데, 이건 자신감이 강해진 거라 해석할 수 있다. 우리 사회가 자신감의 가치를 높게 평가하는 걸 보면, 아마 자신감이 인간 진화에 중요한 역할을 한 듯하다. 인간은 불확실성을 불편하게 여기고, 불안정한 상태보다 안정된 상태를 선호하는 경향이 있다. 리더, 영업 사원, 배우자 후보, 협상자, 발표자를 생각해 보자. 이들은 자신감이 높을 때 훨씬 매력적으로 느껴진다.

셀프리더십 강의를 듣는 수강생들이 테스토스테론을 경험하며 하는 말은 다른 다섯 가지 호르몬에 대해 하는 말과 전혀 다르다. "천하무적" "강한" "건방진" "강력한" "두려움 없는" 같은 단어를 자주 사용하고, 앞에서 말했듯 여성이 남성보다 테스토스테론의 효과를 더 강하게 체감한다. 본인의 의지로 테스토스테론 양을 늘릴 수 있다면, 그래서 필요할 때마다 자신감을 두둑하게 보충할 수 있다면 초능력자처럼 든든하지 않겠는가. 그렇다면 그 방법을 알아보자.

1 ✳ 승리의 쾌감 맛보기

승리는 테스토스테론 양을 급등하게 한다. 물론 무엇을 승리라고 여기는지는 주관적인 문제다. 뉴욕 마라톤에서 우승해도 이전 기록보다 느리면 실망하기도 하는 것처럼 말이다. 반대로 한참 나중에 들어왔지만 전보다 5분을 단축했거나, 너무 지쳐서 중간에 기권하면 어떡하나 걱정했던 사람이라면 우승자보다 테스토스테론이 더 큰 폭으로 증가한다.

사무실에서 온라인 강의를 시작하기 전에 활기가 약간 떨어지거나, 왠지 혹사당한 느낌이 들거나, 강의가 잘 진행되지 않을 것 같을 때면 나는 팀원들에게 15분간 휴식 시간을 갖자고 부탁한 뒤 그동안 사기를 북돋우는 활동을 시킨다. 보통은 스펀지 다트를 쏘는 플라스틱 장난감 총을 가지고 게임을 한다. 서로에게 총을 쏘면서 즐겁게 쫓고 쫓기며 노는 것이다. 그 시간만큼은 다들 열중해서 게임에 참여하고 아주 즐거워한다. 15분 동안 총을 든 채 목숨을 걸고 싸우다 보면 테스토스테론이 늘어나는 걸 느끼게 되고, 그러면 자연스레 저절로 활기찬 강의를 할 준비가 갖춰진다. 이길 자신이 있는 게임을 하거나 상대방보다 잘할 자신이 있는 분야로 대결을 신청하는 것도 비슷한 기분을 만드는 방법이다. 특별히 심한 슬럼프에 빠진 상태가 아니라면 나는 과거의 승리와 성공을 떠올리기만 해도 테스토스테론을 상당량 분비시킬 수 있다.

심리학자 P.C. 번하트는 야망 넘치는 미식축구 선수들이 경기를 하며 테스토스테론이 증가한 만큼 그 경기를 실시간으로 관람한 팬들도 비슷한 수준으로 테스토스테론 양이 많아졌는지 궁금했다. 결과적으로 이긴 팀 팬들은 테스토스테론 양이 20퍼센트 증가했고, 진 팀 팬들은 20퍼센트 감소했다. 이긴 팀 팬과 진 팀 팬 사이에 상당한 차이가 난 것이다. 흥미로운 건 미식축구 선수들의 테스토스테론 양은 이기든 지든 전부 증가하는 경향을 보인다는 것이었다. 워싱턴대학교를 비롯한 미국의 여러 대학 공동 연구팀은 미식축구 선수들이 경기를 뛸 때 테스토스테론이 즉시 30퍼센트 급등하고,

이튿날까지도 베이스라인보다 15퍼센트 증가해 있다는 사실을 밝혔다. 연구자 중 한 명인 벤자민 트럼블은 이 연구가 남성을 대상으로 진행되긴 했지만 여성도 비슷한 결과가 나올 거라 예상했다.

2 ✶ 전투력을 높이는 음악 듣기

일본 나가사키대학교 교수 도이 히로카즈의 연구에 따르면 테스토스테론 수치가 높은 남성은 재즈나 클래식 음악처럼 '복잡한' 음악의 진가를 알아보지 못하는 경향이 있으며, 그 대신 록 음악을 좋아한다고 한다. 다들 운전 중에 특정 종류의 음악이 나오면 속력을 높이고 싶은 충동이 든 적이 있을 것이다. 헬스장에서도 마찬가지다. 어떤 음악을 들으면 힘이 세지고 거칠어지는 느낌이 든다. 다른 연구들도 남성이든 여성이든 음악을 들으면 테스토스테론 양이 늘어나는 경향이 있다는 결론을 보인다. 그렇다면 우리는 음악을 일석이조로 활용할 수 있다! 헬스장에서 느낀 진취적인 기분을 다시 떠올리고 싶어지면 다른 장소거나 상황이라 해도 그때 들은 음악을 재생하면 되는 것이다.

3 ✶ 자신감을 시각화하기

나는 오랜 세월 발표 기술 전문가로서 수천 명의 연사를 연구했고, 소통을 더 잘하기 위해 누구나 사용할 수 있는 110가지 몸짓과 음성 기술을 정의하고 분류하기도 했다(혹시 궁금하다면 TEDx 강의 〈커뮤니케이션과 대중 강연을 위한 110가지 기술The 110 Techniques of Communication and Public Speaking〉을 참고하기 바란다). 그간의 수많은 경험 덕분에 나는 사람들이 부정확한 기술을 사용해 자신감을 높이려 하면 쉽게 알아채곤 한다. 하지만 이런 기술은 조금만 바로잡으면 자신감을 드높이는 데 큰 도움이 된다.

유독 강렬한 기억으로 남아 있는 수강생 한 명이 있다. 얼굴과 체형을 보면 굉장히 잘생겼다는 생각이 곧바로 드는 사람이었다. 옷차림도 모델 같았고 헤어스타일은 고대 그리스 신을 떠올리게 했다. 그야말로 완벽한 인간 같던 그 남성은 강철 같은 눈빛을 띠곤 넓은 보폭으로 찬찬히 내게 걸어와 자신감이 엿보이는 미소를 지으며 단호하고 힘차게 악수를 청했다. 우리는 잠시 대화를 나누었고 나는 그에게 발표 예행연습을 해달라 부탁했다.

그런데 컴퓨터를 연결하고 구석에 서서 발표를 시작한 남성은 충격적이게도 내 눈앞에서 금세 무너져버렸다. 한눈에 봐도 의기소침한 모습이었다. 자신감이 떨어졌다는 걸 보여주는 몸의 신호로는 흔히 일곱 가지가 있다. 몸을 흔들고, 엉덩이를 비틀고, 시선이 바닥으로 향하고, 양발을 나란히 놓지 않고, 두 팔이 몸 앞쪽에서 얼어붙고, 어색한 침묵을 가리기 위해 비언어적 소리를 많이 내고, 목소리가 낮아지는 게 흔한 현상인데, 이 일곱 가지 신호가 모두 나타났다. 아무리 나라 해도 그렇게까지 극단적인 변화는 본 적이 없었기에 자신감이 많이 부족해 보인다고 말하자, 남성은 사실 직장에서 발표하다 상처를 받은 기억이 여러 번이라며 고민을 털어놓았다. 그 기억들 때문에 자신이 발표를 못한다는 진실을 왜곡해 간직하고 있었던 것이다.

우리는 일곱 가지 신호를 함께 하나씩 살펴보았고, 마음의 준비가 된 상태에서 예행연습을 한 번 더 해보자고 했다. 그렇게 두 번째 발표를 마친 뒤 두 번의 연습이 녹화된 영상을 보여주자 그는 눈물을 흘렸다. 짧은 시간 만에 이토록 큰 변화가 생긴 게 무척 놀라운 듯했다. 그는 계속해서 '모든 게 잘되고 있어, 내가 이 상황을 장악하고 있어'라고 뇌에 신호를 보내는 몸짓언어를 연습했고, 효과는 본발표 때까지 지속되었다.

극단적인 사례긴 하지만 몸짓이나 목소리를 아주 조금 바꾸는 것만으로도 즉시 자신감이 강해지는 일은 꽤 자주 있다. 변화 전과 후의 수치를 재지 않았기 때문에 테스토스테론이 이런 효과를 유발했다고 확언할 수는 없지만, 나는 변화

이후에 테스토스테론 수치가 더 높았을 것이라고 확신한다.

어떤 행동을 하기 전에 자신감을 채우고 싶다면 고개를 높이 들고, 양발을 나란히 평행하게 놓고, 팔과 손을 자연스레 움직이고, 엉덩이를 흔들거나 비틀지 않고, 말할 때 "음" "어" 같은 의미 없는 추임새를 없애도록 연습하고, 크고 분명하게 말하자. 쉽게 말하자면 자신감이 필요한 일을 하기 10분 전부터 마치 세상을 지배하는 사람처럼 우뚝 서거나 돌아다니면 된다!

당당하고 멋진 사람처럼 보였다가, 잔뜩 위축된 사람이 되었다가, 금방 다시 자신감 있는 사람으로 돌아온 '모델 같은 남성'을 만나고 난 후, 나는 인간이 자신감을 스스로 얼마나 잘 조절할 수 있는지 깨닫고 놀라웠다. 자신감은 우리가 참여하는 활동과 관계가 깊다. 예를 들어 농구를 연습해서 경기에서 이기는 횟수가 늘어나면 농구 실력에 대한 자신감과 안정감이 커진다. 만약 배구와 축구까지 연습해서 잘하게 되고 자신감이 붙으면 나중에 하키를 시도할 때도 자신감 있는 상태로 도전할 수 있게 된다. 자신감에 이런 특성이 있다는 걸 아는 게 중요하다. ==자신감은 고정된 것이 아니다. 삶의 여러 다른 영역에서 기를 수 있고, 연습과 성공을 축적하며 개발할 수 있는 역동적인 하나의 상태가 바로 자신감이다.==

4 ✷ 적극적으로 소통하기

테스토스테론은 적극성과도 관련이 있을까? 여기에 대한 답을 찾기 위해서는 우선 뇌 속 솔기핵이라 불리는 세포 무리로 이루어진 영역을 살펴볼 필요가 있다. 여기에는 도파민을 분비하는 뉴런들이 모여 다양한 기능을 하는데, 그중 하나는 사회적 상호작용 욕구를 유발하는 것이다. 사회적 욕구가 채워지면 도파민이 분비된다. 내향인과 외향인의 차이도 사회적 상호작용의 욕구 면에 있다. 다시 말해 외향인은 내향인보다 사회 활동을 더 오래 해야 사회적 욕구가 채워진다는 뜻이다.

이 주제에 관해 흥미로운 사실을 보여준 연구가 있다. 정신 건강 전문의 모린 M.J. 스미츠 얀선의 연구 결과, 내향적 인간보다 외향적 인간의 테스토스테론 양이 더 많았던 것이다. 그렇다면 내향성과 외향성은 고정된 상태일까? 그렇지 않다. 이 성향은 상황의 역동성과 그날의 기분에 따라 달라질 수 있다. 나는 거의 평생을 내향인으로 살아왔지만 우울증을 회복한 이후부터는 점점 외향인 쪽으로 기울었다. 요즘에 이르러서는 사회적 욕구를 채우는 데 예전보다 더 오랜 시간이 필요할 정도다. 농구를 연습하면 농구를 할 때 자신감이 높아지는 것처럼, 사회적 상호작용도 연습을 거듭할수록 사람들과 만나는 상황에서 자신감이 높아지기 마련이다.

5 ✱ 영화 속 인물에게 몰입하기

영화를 보며 테스토스테론 양이 늘어나려면 주인공을 이해하고 공감하며 주인공의 성공에 어떻게든 관여하고 싶다는 느낌이 드는 게 중요하다. 영화 〈대부〉의 돈 코를레오네를 본 남성은 테스토스테론 수치가 올라갔지만 여성은 내려갔고, 반대로 〈매디슨 카운티의 다리〉를 본 여성은 테스토스테론 수치가 유지되었고 남성은 내려갔다는 재밌는 연구 결과가 있다. 앞선 미식축구 연구 결과처럼, 응원하는 팀이 이겼을 때 테스토스테론 수치가 상승한다는 건 그 팀에 상당한 열의를 가지고 있다는 뜻이다. 영화도 똑같다. 작품을 보며 같은 효과를 얻고 싶다면 그 안의 인물과 강하게 동일시해야 한다.

6 ✱ 공격성에 집중하기

앞에서도 나왔던 로버트 새폴스키의 말에 따르면, 공격성은 테스토스테론과 상관이 있다. 테스토스테론 양을 늘리기 위해 공격성을 활용하고 싶다면 중요한 미팅을 앞두고 화장실로 향하자. 평소보다 공격적인 생각에 열중하고, 가능하다면 위협적인 몸짓과 강렬한 음악까지 보태보자. 아무도 없다면 일시적인 공격성을 최대화하고, 테스토스테론 양을 더욱 많이 늘리기 위해 위협적인 비명까지 질러도 좋다.

하지만 통제되지 않은 공격성은 사회의 심각한 문제라는 점을 반드시 짚고 넘어가겠다. 만약 사회적 지위가 위협받는다고 느낄 때마다 공격적인 태도가 강해진다면 불필요한 공격성을 유발하지 않는 게 현명할 것이다. 차라리 공격성이 표출될 기미를 알아차리고 늦기 전에 멈추는 법을 익히는 쪽이 더 도움이 된다. 이때 명상이 좋은 방법일 수 있다. 이미 과한 공격성을 경험하고 있다면 행동으로 옮기는 대신 호흡에 집중하며 자연스레 지나가도록 하는 연습을 해보자.

테스토스테론 제조법 정리

테스토스테론은 면접, 협상, 발표 등 다양한 사회적 상황에서 능력을 향상시키는 데 활용할 수 있는 경이로운 재료다. 그러나 판단력을 흐리게 만들고, 충동 제어 능력을 약해지게 할 수 있다는 것도 염두에 둘 필요가 있다. 이 점을 잊지 말고 테스토스테론이 급증했을 때 영향을 받아 인생의 중요한 결정을 내리지 않도록 주의하자. 활력을 불어넣고, 자신 있게 몸을 움직이고, 과거의 성공이 떠오르는 음악을 듣는 습관을 기르면 테스토스테론을 분비해 장기적으로 자신감을 높일 수 있다. 어떤 위험을 무릅써서 이득을 볼 수 있다면 모험을 시도해보는 것도 좋다. 좌절과 실패를 미래의 성공을 위한 원동력으로 여기도록 훈련하고, 자신감을 높이고 싶은 분야에서 작은 성공을 수차례 쌓아나가도록 스스로에게 기회를 주자.

최대한의
내가 되는 법

일상 속 행복의 과학적 원리

자신의 최선의 모습을 이끌어내려면 생각과 결정을 통제하는 능력, 즉 뛰어난 셀프리더십이 필요하다. 어떤 건 타협하더라도 뛰어난 셀프리더십을 발휘하는 데 방해가 되지 않지만 수면, 식단, 운동, 명상이라는 네 가지 영역은 절대 소홀히 해선 안 된다. 이 네 가지가 평안과 행복에 어찌나 중요한지, 각 영역에 관해서라면 책을 한 권씩 쓸 수 있을 정도다. 효과 좋은 천사의 칵테일을 만들기 위한 바탕은 이렇게 요약할 수 있다. 충분한 수면, 건강한 식단, 규칙적인 운동, 매일의 명상. 일상에서 실천하고 싶다면 다음 기술들을 시도해보자.

1 * 수면

* 보통 성인은 평균 일곱 시간에서 여덟 시간의 수면이 필요하다. 어떤 사람들은 여섯 시간으로도 충분하다 하지만, 여섯 시간보다 적게 자고도 의학적으로 생활이 유지되는 사람은 사실 극소수다. 자신은 여섯 시간보다 덜 자

도 된다고 생각하는 사람이 제법 많은데, 그건 대부분 착각이다.

* 비렘수면의 세 단계 중 가장 깊은 수면(딥슬립이라고도 부른다)인 세 번째 단계의 수면은 매우 중요하다. 성인은 밤 수면의 13~23퍼센트를 이 단계에서 보내야 다음 날 피로가 풀린 느낌이 든다. 세 번째 단계 수면은 기억을 처리하는 데 중요한 역할을 한다. 스마트 워치 같은 신체 활동 추적 장치를 쓰면 이 단계의 수면 시간을 제법 정확하게 잴 수 있다. 참고로 배우자나 아이와 함께 잘 때보다 혼자 잘 때 더 정확한 측정값을 얻을 수 있다.

* 잠자리에 들기 몇 시간 전부터 각종 화면의 청색광을 피하자. 청색광은 수면을 유도하는 멜라토닌이 분비되는 걸 억제한다.

* 침실 온도는 따뜻하기보다 서늘하게 유지하는 것이 좋고, 밤새 이산화탄소가 축적되지 않도록 방에 통풍이 잘 되는지 확인하자. 아침에 잠에서 깼을 때 이산화탄소 농도 측정치가 1000피피엠보다 낮아야 한다. 이상적으로는 600~700피피엠이면 좋다(이산화탄소 농도 측정 기기는 보통 전자 제품 가게에서 판다).

* 해를 자주 보자. 24시간 주기의 생체 시계는 몸에 내장된 타이머와 같다. 아침이면 코르티솔을 비롯한 여러 물질을 잔뜩 분비해 하루를 시작할 힘을 주고, 밤에는 멜라토닌 분비를 활성화해 졸음을 유발한다. 이 타이머는 당연히 손잡이를 돌려 조절하는 방식으로 작동하지 않는다. 설정을 조절하는 유일한 방법은 눈으로 햇빛을 흡수하는 것이다. 그러니 시기상 봄, 가을, 겨울에는 오전에 햇빛을 되도록 많이 흡수하는 게 중요하다. 아침 산책을 나가면 해를 직접 쳐다보진 않되, 시선은 밝은 하늘 쪽으로 향하는 게 좋다. 해가 지는 모습을 바라보는 것도 생체 시계에 좋은 영향을 준다고 밝혀진 바 있다.

* 불안한 상태로 잠자리에 들지 말자. 자기 전에 경험하는 불안은 해결해보려 애쓰자. 명상으로 내면의 평정을 찾는 것도 좋은 방법이다. 다만 이럴 때 술을 해결책으로 삼진 말자. 술이 잠을 오게 하는 것처럼 느껴질지 몰라도 사실은 수면의 질을 낮춘다.

* 같은 시간에 잠자리에 들자. 사실 이게 가장 중요하다. 그래야 수면과 각성의 긍정적인 순환을 정립하는 데 도움이 되기 때문이다. 하지만 오래 뒤척이는 건 좋지 않다. 피곤하다고 느낄 때 잠자리에 들자. 30분 넘게 뒤척

이며 잠을 못 이루면 충분히 피곤하지 않은 것이다. 낮 동안 정신적으로나 육체적으로 녹초가 될 만한 활동을 해 피곤한 상태를 만들어두자.

2 ✴ 식단

❈ 다양한 식품을 먹으면 위장관이 건강해지고 중요한 비타민, 미네랄, 미량원소를 충분히 섭취하는 데 도움이 된다. 그리고 그러려면 당연히 과일과 녹색 채소를 먹어야 한다. 나도 건강한 장수에 도움이 된다고 밝혀진 지중해 식단을 지키고자 노력한다. 지중해 식단은 채소, 과일, 생선, 밝은색 고기, 콩류, 통곡물, 건강한 지방(올리브기름, 견과류, 씨앗류 등)으로 이루어져 있다. 붉은 고기, 가공육, 동물성 지방, 당이 첨가된 식품은 제한적으로 섭취하는 게 좋다.

❈ 에너지 급감 현상과 도파민 급강하를 피하기 위해 정제 탄수화물을 최소한으로 먹자. 도파민이 갑자기 급강하하면 더 많은 정제 탄수화물을 갈망하게 되고, 오히려 더 피로해진다. 정제 탄수화물보다는 비정제 탄수화물을 선택하는 게 낫다. 정제당이 첨가된 식품도 가능하다면

피하자. 정제당은 여기 다 적을 수 없을 정도로 단점이 많다.

* 통곡물 가루, 견과류, 콩으로 섭취할 수 있는 불용성 식이 섬유를 잊지 말자. 이 음식들은 먹으면 포만감이 커지고 대장암에 걸릴 위험도 줄어든다.

* 각성 물질에 의존하지 말자. 나는 카페인, 테아닌처럼 정신적 능력을 강화한다고 알려져 있으며 법적으로도 허용된 각성 물질을 그다지 신봉하지 않는다. 충분한 수면, 운동, 식사, 사회적 상호작용, 스트레스 완화로 유사하면서도 더 오래 지속되는 효과를 얻을 수 있기 때문이다. 커피, 담배, 약 같은 외부 물질에 의존해서 비슷한 효과를 얻는다면, 그 물질에 접근할 때만 원하는 효과를 얻을 수 있다. 이렇게 말하면 너무 극단적으로 들릴지 모르겠다. 물론 경험하고 싶은 효과가 어떤 건지 외부 물질로 느끼고 나서 셀프리더십 기술을 이용해 같은 효과를 내고자 연습하는 건 의미가 있다고 생각한다. 언제나 그렇듯, 정기적으로 복용하는 약이 있다면 외부 물질을 섭취할 때 더더욱 의사에게 조언을 구해야 한다는 걸 잊지 말자.

❋ 햄, 베이컨 같은 가공식품 섭취를 최소화하자. 가공식품은 심장병, 제2형 당뇨, 몇몇 종류의 암과 상관관계가 증명되기도 했다.

❋ 생선 기름을 애용하자. 미국 터프츠대학교 소지선 박사의 연구에 따르면 생선 기름은 염증 방지에 큰 도움이 된다. 강력한 항염증 작용을 하는 생선 기름은 오메가-3 지방산 중 DHA 함량이 높다. 이상적인 1회 복용량은 1그램 이상이다. 우울증에 미치는 효과에 대한 연구도 이루어졌는데, 실제로 생선 기름이 기분을 좋아지게 한다는 결과가 나왔다!

3 ❋ 운동

코르티솔 장에서 설명한 염증 반응 내용을 기억하는가? 염증 반응 중에 분비되는 사이토카인은 면역 세포를 활성화시켜 트립토판이라는 구성 요소를 모으고, 효소 인돌아민 2,3-디옥시제네이스를 이용해서 트립토판을 신경 독성이 있는 키누레닌이라는 물질로 변환한다. 쉽게 정리하자면 장기적인 염증은 우리 심리에 두 가지 나쁜 영향을 미친다는 말로, 세로토닌의 재료인 트립토판을 고갈시키고, 뇌에 독이 될 수 있는 물질을 생산한다는 뜻이다. 독일 쾰른체육대학교 운동 생리학자인 니클라스 요이스텐은 운동을 하면 우리 몸이 키누레닌을 처리하도록 해 뇌를 보호한다는 사실을 발견했다. 정말이지 마술 같은 생물학이다!

나는 열여덟 살 때부터 지금까지 쭉 규칙적으로 운동을 해왔고, 루틴에서 벗어난 적은 딱 두 번이다. 그 두 번도 다 극한의 운동 프로젝트 때문이었다. 첫 번째 프로젝트는 영화 〈토르〉에서 영감을 받았다. 웃옷을 벗은 주인공 배역의 크리스 헴스워스는 정말 대단해 보였다. 그런데 나에게 커다란 동기를 부여한 건 그의 몸보다 바로 옆에서 들린 소리였다. 영화에서 토르가 처음 등장했을 때 마리아가 황급히 침을 후루룩 마신 것이다. 그날부터 내 목표는 북유럽 신의 몸매였고, 6개월 만에 목표를 달성해보자 결심했다.

항상 그래왔듯 나는 새로 결심한 프로젝트에 모든 걸 쏟아부었다. 풀타임 개인 트레이너를 고용했고, 수상 이력이 화려한 보디빌더에게 맞춤 트레이닝 프로그램을 짜달라 부탁했고, 영양사와 상담을 진행했고, 예전보다 훨씬 열심히 운동했다. 그 덕에 6개월 동안 몸무게가 9킬로그램이나 늘었는데, 그중 4킬로그램이 단단한 근육이었다! 원래 입던 셔츠가 찢어지려 했고, 미팅 중 단추가 떨어져 나가는 바람에 결국 옷을 전부 다시 사야 하는 지경에 이르렀다. 결국에는 목표를 달성했고 발전을 이뤄내 기뻤다. 하지만 막판에는 코르티솔이 너무 많이 분비되고 도파민은 부족해져서 마지막 두 달은 의지를 무기 삼아 겨우 버텨냈다. 원하는 몸을 다 만든 이후에는 운동에 흥미를 잃고 말았고, 일 년이나 쉬고 나서야 다시 운동을 시작할 수 있었다.

    살아오는 동안 수많은 종류의 트레이닝을 시도했지만 결국 장기적으로 지속 가능한 방법은 단 한 가지였다. 바로 운동을 삶에 자연스레 녹이는 것이다. 신체 운동은 삶의 일부이므로 나는 긴 산책을 하거나 헬스장에 가는 식으로 일주일에 6일은 운동을 한다. 강도를 높이려 하지 않고 한결같이 한다. 생각해보면 우리 조상들은 날마다 수 킬로미터씩 걸었고 하루에 짊어져야 했던 무게가 오늘날 우리가 한 달 동안 드는 무게보다 더 무거웠을 것이다. 그렇다, 사실 우리 몸은 움직이기 위해 만들어졌다!

4 ✶ 명상

스트레스 맵만큼이나 내게 중요한 기술을 바로 명상이다. 내 문제는 뇌가 한시도 멈추지 않는다는 것이었다. 뇌 속에서 생각들이 왼쪽이든 오른쪽이든 사방에서 웅성대느라 평화로운 순간이 하나도 없었다! 더 심각한 건 설상가상으로 머릿속 생각들이 대부분 부정적이고 비판적이고 파괴적이었다는 거다.

수백 잔의 악마의 칵테일을 날마다 들이켜는 셈이었다. 생각 하나하나가 스트레스를 늘리는 걸 멈출 수 없었다. 놀랍게도 이 모든 건 명상을 어떻게 하는지 처음 배운 날부터 차차 해결되어갔다.

앞에서 설명한 것처럼 명상은 자극에 대한 반응을 지연시키는 도구로 볼 수 있다. 나도 명상을 하기 전까지는 마음에 들어오는 모든 부정적 생각에 온 힘을 빼앗겼지만, 4주간 명상을 하고 나니 그 생각들을 인정하고, 자극을 받았을 때 잠깐 기다렸다 반응하고, 기다리는 시간을 활용해서 어떻게 느낄지를 결정할 수 있었다. 이제 내가 평소에 하는 집중 명상 방법을 함께 시도해보자! 5분이면 된다. 이미 숙달된 사람이라면 아마 다 아는 내용일 테지만 명상은 즐거우므로 잠깐 해보기를 권한다.

❶ 등을 벽이나 의자 등받이에 대고 앉는다. 너무 편안하게 앉거나 누우면 잠들 위험이 있으니 결가부좌 자세로 앉으면 가장 좋다.
❷ 온몸의 긴장을 푼다. 다리, 팔, 특히 턱과 혀의 긴장을 푼다.
❸ 눈을 가만히 둔다. 눈을 움직이지 않으면 생각하기가 어렵다. 명상을 할 때는 생각을 덜 하는 편이 낫다.
❹ 숨을 세 번 깊게 들이쉬고 길게 내쉰다.

⑤ 눈을 감고 계속해서 심호흡을 한다. 들숨도 천천히, 날숨도 천천히. 1분에 7회 호흡한다.
⑥ 소리 내지 않고 행동을 짚는다. 숨을 들이쉴 때는 '인'이라고, 숨을 내쉴 때는 '아웃'이라고 속으로 말해보자.
⑦ 떠오르는 생각의 존재를 알아차린 순간, 그 생각을 멀리 보내는 모습을 마음속에서 구체적으로 그려본다. 오른쪽, 왼쪽, 위, 아래, 어디로 보내도 상관없다.

이때 엄청나게 중요한 사실이 하나 있다. 1초마다 생각이 떠오르더라도 자신을 평가하거나 낙담하지 말아야 한다는 것이다. 수년간 명상을 해도 생각이 떠오르지 않은 가장 긴 시간은 30초 정도다. 처음 시도할 때 매초마다 생각이 몇 개씩 떠오르는 건 자연스러운 현상이다.

처음부터 자기만의 리듬을 찾는 경우는 매우 드물지만 날마다 시도하다 보면 저절로 찾을 수 있게 된다. 나만의 명상 리듬을 찾고 나면 기분이 그렇게 좋을 수가 없다. 이때의 천사의 칵테일엔 행복감을 더해주는 세로토닌과 에너지를 공급하는 도파민이 가득하고, 뇌의 속도를 늦추고 조금 취한 것처럼 느끼게 하는 약간의 GABA Gamma-Aminobutyric Acid까지 더해진다. 코르티솔 양도 쾌적하게 줄어들어 긴장이 더 풀린다.

명상할 때 짧게 느끼는 감각도 기분 좋지만, 더 대단한 건 장기적인 효과다. 명상은 불안과 스트레스를 방지하고, 통증을 완화하고, 부정적 사고를 제한하고, 우울증 증상을 가라앉히고, 외로움을 덜 느끼게 하고, 사회적 참여를 증진시키고, 자기 인식을 돕고, 창의력을 강화하고, 집중력을 높이고, 기억력이 좋아지게 하고, 정이 깊은 사람이 되게 한다. 전부 무료로 말이다! 가장 좋은 점은 시간을 조금만 들이면 된다는 거다. 연구 결과 8주 동안 하루에 13분만 명상을 해도 강력한 효과가 나타났다. 그저 날마다 명상하는 습관을 기르기만 하면 되는 것이다. 시간이 없다는 생각이 든다면 그것이야말로 명상이 각별히 필요하다는 신호다.

가장 흔히 하는 세 가지 명상은 집중 명상, 감사 명상, 관찰 명상으로, 모두 위의 기초 과정을 거친다. 셋의 차이점은 명상을 하는 동안 무엇을 하느냐. 집중 명상은 호흡이나 심장박동에 집중하다가 준비가 되었다고 느끼면 전부 내려놓고 마음이 자유롭게 떠다니게 놔둔다.

감사 명상은 모든 사물과 사람에게, 나 자신에게 고마움을 느끼는 데 집중한다. 마음이 한 사람에게서 다른 사람에게 옮겨 가게 내버려두고 고맙다 말하며, 마음이 몸의 한 부분에서 다른 부분으로 옮겨가게 놔두고 고맙다 말한다. 감사 명상은 특히 타인에게 깊은 연민을 느끼게 한다는 사실이 밝혀지기도 했다. 이런 면을 강화하고 싶은 의지가 있는 사람이라면 가장 알맞은 형태의 명상일 것이다.

마지막으로 관찰 명상은 생각하고 있는 대상과 거리를 두고, 멀리서 그것을 생각하는 행위를 강조한다. <mark>생각들이 떠오르지만 판단하지 않고 돌려보내는 것이다.</mark> 관찰 명상은 자극과 반응 사이의 시간을 늘리고 싶은 사람, 강렬한 감정적 반응을 누그러뜨리고 싶은 사람에게 적합하다. 자기 통제가 강해진다는 점, 판단과 평가가 줄어든다는 게 대표적인 효과다.

일상생활 중에 적절한 순간이 생기면 명상을 해도 된다. 이런 걸 '자발적 명상'이라 부른다. 나는 잠수할 때, 샤워할 때, 산책 중에 자발적 명상의 순간이 오곤 한다. 자신은 어떤 상황에서 저절로 명상하게 되는지 생각해보고, 그런 상황에서 명상을 더 많이 하도록 조정해볼 수 있겠다. 이상적으로는 날마다 집중 명상을 해서 일상 속 자발적인 명상을 보완해주는 게 가장 좋지만 말이다.

창의적인 방식도 있다. 자기만의 명상법을 개발하는 거다. 혹시 한때 유행한 피젯 스피너를 아는가? 피젯 스피너는 손으로 돌리는 작은 장난감인데, 길게는 몇 분이나 빙빙 돌아간다. 한번은 3분 연속으로 회전하는 화려한 피젯 스피너를 집에 가져간 적이 있었는데, 그때 딸에게 '피젯 명상'에 관해 설명해주었다. 당시 딸은 피젯 스피너와 관련된 것이라면 뭐든지 열광했기에 당연히 피젯 명상도 시도하고 싶어 했다. 나는 딸을 바닥에 눕힌 뒤 이마에 피젯 스피너를 올려놓고 회전시켰다. 딸은 그저 눈을 감고 가만히 누워 장난감이 멈출 때까지 회전을 느끼면 되었다. 3분 뒤, 딸은 약간 멍한 표정으로 눈을 뜨고 말했다. "엄청 좋았어요! 또 해도 돼요?" 이 첫 경험을 시작으로 딸의 명상은 계속 이어지기 시작했다.

삶이 달라지는
호르몬 관리법

더 나은 하루를 위한 기분 관리 루틴

오늘부터 색다른 인생을 살아보겠다고 다짐한 사람들이 마법의 호르몬 칵테일을 마시기 위해 하나둘씩 술집에 들어선다. 저마다 자리를 잡고 앉아 각자에게 필요한 호르몬을 조합해 주문하기 시작한다. 바텐더가 카운터 너머로 몸을 내밀어 옆자리 손님에게 무엇을 마시겠냐고 묻는 소리가 들린다.

"테스토스테론과 엔도르핀이 든 천사의 칵테일로 주세요."

"오호, 특별한 날인가요?"

"그럼요! 제 남은 인생의 첫날이니까요. 테스토스테론으로 자신감을 북돋우고 엔도르핀으로 희열을 느끼고 싶어요."

"딱 좋은 조합이네요. 자, 여기 있습니다!"

214쪽의 표에는 여섯 가지 호르몬과, 지금까지 이야기한 기술들을 이용해 호르몬을 분비시키는 방법이 보기 쉽게 정리되어 있다. 급히 기분 전환이 필요할 땐 이 페이지를 펴보자. 지금 내게 어떤 호르몬이 필요한지 한눈에 알아볼 수 있을 것이다.

자, 그렇다면 지금까지의 이야기를 바탕으로 일상에서

곧바로 실천할 수 있는 호르몬 관리법을 살펴보자. 여섯 가지 호르몬에 관한 논의를 쭉 따라왔다면 다음 기술들을 훨씬 쉽게 이해하고 받아들일 수 있을 것이다.

1 ✳ 아침 의식 설계하기

하루를 잘 시작하는 일은 자신의 최대한의 모습을 이끌어내는 열쇠다. 각 호르몬마다 한 가지 기술을 선택해서 나만의 아침 의식을 설계하자. 단계별 계획을 세우고 되도록이면 매일 아침마다 실천해보자. 예를 들면 이런 식으로 짤 수 있겠다.

- 비전 보드를 보고 의욕을 느낀다. ⋯ **도파민**
- 소중한 사람에게 전화나 문자를 하거나 영상을 찍어 보낸다. ⋯ **옥시토신**
- 아침에 되도록 일찍 밖으로 나가 햇빛을 보고 긍정적인 기억들을 떠올린다. ⋯ **코르티솔 + 세로토닌**
- 몸을 움직여 운동하거나 흥미로운 팟캐스트를 듣는다. ⋯ **세로토닌 + 엔도르핀 + 도파민**
- 오늘은 무조건 이기는 날이라 생각하고 자신감 있게 행동한다. ⋯ **테스토스테론**

2 ✸ 호르몬별 명상하기

명상이 어느 정도 익숙해졌다면 여섯 가지 호르몬을 각각 다루는 맞춤형 명상을 시도해보자. 처음 시작할 때는 보통 명상처럼 몸의 긴장을 푼 다음 숨을 깊고 천천히 쉬자. 그러고 나서 차분한 상태가 되면 정신적인 명상을 시작해 여섯 가지 호르몬을 차례로 다룰 수 있다. 다음은 하나의 예시다.

- 감사하고 사랑하고 배려한 경험을 떠올린다. ⋯▸ **옥시토신**
- 행복하고 조화롭고 평온하고 만족스러운 경험을 떠올린다. ⋯▸ **세로토닌**
- 자부심과 자기애를 느낀 경험을 떠올린다. ⋯▸ **세로토닌**
- 크게 웃거나 미소 짓던 경험을 떠올린다. ⋯▸ **엔도르핀**
- 의욕이 샘솟은 경험과 앞으로 하게 될 성취를 생각한다. ⋯▸ **도파민**
- 권력, 투쟁, 승리, 성공, 자신감과 관련된 경험을 떠올린다. ⋯▸ **테스토스테론**

여기서 중요한 건 순서다. 초반에 심호흡으로 긴장을 이완시켜 스트레스를 줄인 뒤에 하는 명상은 강력한 절정을 향한 감정적 반응이 점차 세지도록 설계되어 있다. 이때 적절한 음악을 틀면 명상 효과를 증폭할 수 있다. 의욕이 넘치는 내 친구는 명상에 쓸 트랙을 손수 편집하기도 했다. 각 호르몬을 뭉게뭉게 피어나게 할 기억에 어울리는 노래들을 2분 길이로 구성한 것이다!

3 ✶ 호르몬 연습하기

하루를 시작하는 간단한 방법 하나는 더 깊이 경험하고 싶은 호르몬 하나를 골라 분비하는 연습을 하고, 그날 나머지 시간 동안 그 물질과 관련된 연습 과제를 여러 번 수행하는 것이다. 세 개 이상은 헷갈릴 수 있기에 두 개가 좋다. 어떤 물질을 골라야 할지 고민된다면 다음 내용을 보고 힌트를 얻자. 골랐다면 그 장을 펼쳐 지금까지 설명한 기술들을 다시 살펴보자.

- 자부심과 자기애가 부족할 때 ⋯ **세로토닌**
- 동기와 욕구가 부족할 때 ⋯ **도파민**
- 특정 영역에서 자신감이 부족할 때 ⋯ **테스토스테론**
- 에너지와 집중력이 부족할 때 ⋯ **도파민**
- 행복감이 부족할 때 ⋯ **코르티솔(감소) + 세로토닌**
- 성욕이 부족할 때 ⋯ **코르티솔(감소)**
- 지금 이 순간에 머무르지 못할 때 ⋯ **옥시토신 + 세토로닌**

4 ✳ 크고 작은 친절 베풀기

누군가에게 천사의 칵테일을 건네는 일에는 두 가지 흥미로운 점이 있다. 하나는 베풀 준비가 되어 있다는 사실이 자신과 삶에 대한 만족을 보여준다는 것이고, 또 하나는 그 베풂을 통해 타인의 반응을 마주하고 감정을 나눌 수 있다는 것이다. 주는 쪽과 받는 쪽 모두 이로운 상황이다.

 자녀가 있는가? 리더 자리에 있는가? 주변에 친구들이 있는가? 만약 그렇다면 연습할 대상이 아주 많은 셈이다. 주고 싶은 천사의 칵테일을 골랐다면 즉시 제조 단계로 넘어갈 수 있다. 가령 칭찬을 건네거나, 도움의 손길을 내밀거나, 사람들 앞에서 인정해주는 의도적인 행동으로 상대의 사회적 지위를 높이는 것이다. 친절을 베풀고 남을 돕는 일은 마술처럼 황홀하며, 자신의 뇌에서도 다량의 옥시토신이 분비되어 천사의 칵테일을 채울 수 있다.

5 ✳ 호르몬별 친구 분류하기

이 기술을 처음 본 사람을 웃음을 터뜨리곤 하지만, 이야기를 듣다 보면 제법 기발한 방법이라는 걸 서서히 알게 된다. 친구들을 호르몬별로 분류하자는 얘기다! 그러면 특정 호르몬이 필요할 때 누구와 대화를 나누어야 할지 알 수 있다. 나는 친한 친구들과 이 호르몬들을 주제로 이야기를 나누어보았고, 각 친구가 어떤 물질을 분비시키는 것 같은지 정리해보았다.

마르쿠스는 삶에 가벼움과 들뜬 분위기를 더해주는 친구다. 마르쿠스와 대화하고 나면 항상 엔도르핀과 세로토닌이 가득 차오른다. 온갖 것을 깔깔거리며 함께 웃을 때면 엔도르핀이 나오는 기분이 느껴진다. 마르쿠스는 가라앉은 기분을 끌어올려주고, 내가 인지하고 있던 나의 사회적 지위에 관해 건강한 관점을 제시해서 세로토닌을 분비시킨다.

인간으로 산다는 것의 진정한 의미와 타인을 진정으로 배려할 때의 기분을 상기시켜야 할 때는 마리아에게 전화를 건다. 마리아는 다른 누구보다도 많은 옥시토신을 분비시켜준다. 산림 관리원으로 일하고 있는 친구 크리스터에게는 정신을 차리고 현실 감각을 되찾아야 할 때 전화한다. 가끔씩 도파민을 심히 갈망하는 내 뇌는 둥둥 떠올라 구름 위로 너무 높이 날아가버리는데, 이때 숲에서 운송업자와 함께 나무를 베고 통나무를 운반하는 크리스터와 15분간 대화를 하고 나면 어느새 땅으로 다시 내려와 있다. 크리스터의 말에 따르면 인생은 정말이지 더없이 단순하다.

느긋해질 필요가 있을 땐 마그누스에게 전화를 건다. 마그누스는 세로토닌에 집중하는 성향이라 상황이 바쁘게 돌아갈 때도 서두르지 않고 느긋하게 행동한다. 내가 아는 이 중 커피 한잔을 가장 잘 즐길 줄 아는 사람이다. 말하자면 나랑은 성향이 정반대다. 마그누스를 만날 때마다 내가 도파민 때문에 너무 높이 날아갈 뿐만 아니라 지나치게 빨리 달리는 사람이라는 걸 새삼 깨닫곤 한다.

6 ✶ 긍정적으로 질문하기

인간은 표현과 질문으로 스스로를 드러내며 자신을 둘러싼 세상을 파악하는 존재다. 이때 뭔가에 집중하면 감정이 발생하고, 이 감정은 우리가 내리는 결정에 영향을 준다. 연쇄적으로 이어지는 결정은 삶의 질에 영향을 주기에 무엇에 집중하는지 추적하는 일은 상당히 중요하다.

이를테면 속으로 이렇게 생각할 수 있다. '많이 바쁜가 보다' '차 엄청 더럽네' '이건 뭐가 잘못됐지?' '내 어디가 잘못됐나?' 속으로 던지는 질문은 조금 더 깊이 파고들기 때문에 표현보다 더욱 강하게 감정에 영향을 주므로 내면의 질문을 먼저 다루는 게 좋다. 특히 일상에서 자주 떠오르는 마음속 질문을 성공적으로 변화시키면 표현도 바꿀 수 있다.

나는 이런 질문을 '집중 질문'이라 부른다. 질문이 긍정적이면 천사의 칵테일에 긍정적인 재료를 첨가할 수 있다. 예를 들어 '어떻게 하면 지금 이 순간에 더 잘 머무를 수 있을까?'라는 질문은 옥시토신을, '내 장점은 뭘까?'라는 질문은 세로토닌을 증가시킬 잠재력이 있다. 반대로 '이건 뭐가 잘못됐지?' '세상이 어떻게 되려고 이러나?' 같은 부정적 집중 질문은 악마의 칵테일을 만들어내기 쉽다. 사실 우리 뇌의 최우선 목표는 생존이라, 사람들은 부정적 집중 질문을 할 때가 훨씬 많다. 그러니 이미 몰두하고 있는 집중 질문을 더 긍정적으로 표현해보는 것만으로도 상당히 빠르게 좋은 효과를 얻을 수 있다.

지금까지 셀프리더십 강의를 하며 수강생들의 각기 다른 집중 질문을 수천 가지나 모아왔다. 다음 표는 그중 가장 흔한 질문 여덟 개를 정리한 내용이다. 그리고 이것들을 긍정적으로 어떻게 바꾸면 좋을지 제안도 함께 적어보았다. 평소 자주 하던 집중 질문이 이 예시 중에 있을지도 모른다. 없다면 나만의 집중 질문을 찾아내고, 그 질문이 부정적이라면 어떻게 긍정적으로 대체할 수 있을지 궁리해야 한다. 이 과정을 끝냈다면 반복을 시작하자. 오랜 시간 스스로에게 긍정적 질문을 되풀이해 말하다 보면 결국 집중 질문은 바뀌게 되고, 내면의 칵테일 성분도 바뀔 것이다.

예전에는 미팅 장소에 도착하거나 새로운 사람을 만나기 전에 '뭐가 잘못됐지?' 같은 생각을 하지 않고는 견딜 수 없었다. 그리고 역시나 이런 부정적인 질문은 훗날 우울증에 빠져

부정적인 집중 질문	긍정적인 집중 질문
• 뭐가 잘못됐지?	• 어떤 장점이 있을까?
• 그렇게 하지 않았다면 어땠을까?	• 여기서 어떤 걸 배울 수 있을까?
• 난 뭐가 잘못됐지?	• 내 장점은 뭘까?
• 다음엔 또 무슨 일이 벌어질까?	• 지금 이 순간에 더 집중해 머무르려면 어떻게 해야 할까?
• 남들과 다르게 행동해도 괜찮을까?	• 남들에게 어떻게 영감을 줄 수 있을까?
• 어떤 점이 해로울까?	• 이것으로 나의 능력을 시험할 수 있는 방법은 뭘까?
• 어떻게 하면 상황이 더 나아질까?	• 어떻게 하면 내가 이미 가진 것을 즐길 수 있을까?
• 나는 배우자에게 부족하지 않은 짝일까?	• 어떻게 나의 최선의 모습을 이끌어낼까?

허우적대는 상태에 이르는 데 크게 기여했다. 하루에도 수백 번씩 '뭐가 잘못됐지?'라고 자문한다면 긍정적인 감정이 생길 리가 없고, 천사의 칵테일은 만들어지지도 않는다. 하지만 결국 나는 이 질문을 '이건 어떤 점에서 환상적일까?'로 바꾸는 데 성공했다. 질문을 바꾸고 난 뒤 몇 달 동안 끈질기게 반복해서 머릿속에 새겨넣은 결과는… 정말 굉장했다!

한눈에 보는 호르몬 관리법

도파민	옥시토신	세로토닌	코르티솔	엔도르핀	테스토스테론
도파민 스태킹에서 벗어나기	잠시 멈춰 경외감 느끼기	자존감 연습하기	스트레스 맵 만들기	통증을 제대로 느끼기	승리의 쾌감 맛보기
빠른 도파민과 느린 도파민 균형 잡기	따뜻한 기억으로 마음 가다듬기	도파민과의 균형 잡기	급할 땐 명상하기	매운 음식 먹기	전투력을 높이는 음악 듣기
도파민 분할하기	신체적으로 접촉하기	햇빛 쐬기	사랑의 감정 불러일으키기	진짜 미소 짓기	자신감을 시각화하기
내적 동기에 집중하기	조건 없는 친절 베풀기	식단 조절하기	꾸준히, 적당히 운동하기	배 아플 만큼 웃기	적극적으로 소통하기
게임처럼 선택하기	서로 시선 맞추기	지금 이 순간에 집중하기	긴장 풀고 몸 움직이기	기분 전환 플레이리스트 듣기	영화 속 인물에게 몰입하기
도파민 숙취 예방하기	음악 들으며 내면에 집중하기	부정보다 긍정을 선택하기	호흡 속도 조절하기	초콜릿 잔뜩 먹기	공격성에 집중하기
감정 건드리기	열기와 냉기 느끼기	지속적인 스트레스 차단하기	관점 바꾸기	신나게 춤추기	
냉수욕하기	감사하는 마음 갖기		가짜 믿음 극복하기	냉수욕의 고통 즐기기	
비전 보드 만들기	생각의 근원 찾기		서로 다른 믿음 조정하기		
꾸준함으로 추진력 얻기	호오포노포노 주문 외우기		주체적으로 동기부여하기		
			패턴 깨뜨리기		

천사의 칵테일
호르몬 레시피

상황별 호르몬 조합법

천사의 칵테일 바에 온 걸 환영한다! 지금쯤이면 짐작하겠지만 천사의 칵테일에는 여러 종류가 있다. 여태까지 호르몬을 어떻게 관리하면 좋을지 그 방법을 알아보았다면, 이제부터는 실전이다. 직접 호르몬 칵테일을 만들어보는 것이다. 자, 직접 바텐더가 되어 여섯 가지 호르몬 비율을 내 마음대로 조율하면서 열두 가지 상황에 유용한 칵테일을 만들어보자.

1 ✲ 중요한 면접이나 데이트 날

테스토스테론＋옥시토신
성공하고 이긴 경험을 떠올려 테스토스테론 양을 늘리고 자신감을 채우자. 이때 성공, 천하무적, 대담함을 연상시키는 음악을 곁들이면 더 좋다. 온 천하를 가진 사람처럼 걷고 일어서고 움직이자. 더 완벽한 결과를 원한다면 연민을 불러일으키고 마음을 움직이는 영상을 시청해서 옥시토신을 약간 첨가하는 것도 방법이다.

2 ✶ 책상 앞 집중 모드

도파민 + 테스토스테론

공부할 땐 집중력을 강하게 유지하고 내용을 기억하기 위한 최선의 환경을 만들어야 한다. 이때는 도파민이 도움이 된다. 공부를 해서 얻을 수 있는 긍정적인 결과, 공부 중인 주제를 배우는 게 얼마나 재밌는지 생각하면 도파민 분비를 촉진할 수 있다. 공부 전에 신체 운동을 해서 도파민 양을 늘릴 수도 있다. 스마트폰과 태블릿 PC를 멀리 치워서 빠른 도파민과 코르티솔을 줄이는 것도 중요하다. 도파민은 짧은 시간 동안 가장 큰 효과를 발휘하는 호르몬이므로 40~60분 정도 공부했다면 휴식을 취하며 재충전 시간을 가져야 한다. 공부 중에 자신감을 북돋우고 싶다면, 단원을 마무리하는 시험을 통과할 때마다 작은 성취를 축하하며 테스토스테론 분비를 자극하는 방법도 있다.

3 ✶ 밝은 사회성 장착

엔도르핀 + 테스토스테론 + 옥시토신

사람들과 교류하는 모임에 가기 전에 이 세 가지 친사회적 호르몬의 양을 늘려두면 도움이 된다. 먼저 30분가량 SNS 속 영상처럼 웃음을 유발하고 엔도르핀을 분비시키는 뭔가를 보자. 모임에 가는 길에는 용기와 희망을 주는 음악을 들으며 테스토스테론 양을 늘리는 방법도 있다. 그렇게 모임에 도착하면 관심이 가는 사람과 대화를 시작해서 옥시토신을 분비시키자. 내가 인식하는 나의 사회적 지위와 세로토닌에 부정적인 영향을 주는 사람, 즉 어떤 식으로든 열등감을 느끼게 하는 사람은 최대한 피하는 게 좋다.

4 ✳ 스트레스에 맞서야 할 때

옥시토신 + 세로토닌 + 도파민

갈등이 발생하면 스트레스가 많아지면서 사고력이 떨어진다. 이를 막으려면 부교감신경을 활성화시키고 몸의 긴장을 풀어 차분하게 호흡하면서 스스로를 토닥거려 안심시키고, 뜨거운 음료가 든 컵을 양손으로 쥐어 직간접적으로 옥시토신 양을 늘리는 게 좋다. 갈등 상황에서 흔히 발동하는 본능은 '눈에는 눈, 이에는 이' 방식으로, 상대도 고통에 빠뜨려 세로토닌 양을 낮추는 것이다. 남을 비하하고, 사회적 지위를 깎아내리고, 현재의 갈등과 무관한 결점과 실수를 끄집어낼 수는 있겠지만, 이런 행동은 결과적으로 사이가 더욱 멀어지는 결과를 낳으며 방어적인 태도를 취하도록 만들기 때문에 하지 않는 쪽이 낫다.

갈등을 맞닥뜨렸을 땐 자신을 성장시키고, 내면을 발전시키고, 함께 살아가는 사람들에 대해 더 많이 배울 기회를 얻었다고 생각하자. 그러려면 약간의 도파민을 이용해 마음의 준비를 해두는 게 좋다. 갈등에 깃든 감정적 이유를 탐색하고, 문제가 해결되면 얼마나 기분이 좋을지 가늠해보고, 이 갈등이 어떤 면에서 상대와의 관계를 개선하는 긍정적 기회가 될 수 있는지 생각해보는 것이다.

5 ✷ 머릿속이 반짝이는 순간

도파민 + 세로토닌

세로토닌이 주는 좋은 기분과 도파민이 유발하는 투지는 창조적인 작업을 하고 싶을 때 딱 맞는 환상적인 조합이다. 두 호르몬을 가장 쉽게 분비시키는 방법은 운동을 하거나 냉수욕을 하거나, 혹은 둘 다 하는 것이다.

창조적 과정은 대개 두 단계로 이루어진다. 첫 번째 단계는 아이디어를 모으는 과정으로, 새로운 장소에 가고, 새로운 사람들을 만나고, 새로운 지식을 습득하는 것이다. 이 활동들은 도파민 분비를 촉진하는 동시에 도파민이 이끌어내는 활동이기도 한다.

두 번째 단계는 새로 받아들인 아이디어와 인상을 창조 작업에 적절히 통합시키는 과정이다. 여기서 도파민은 추진력을 제공하는 또 하나의 역할을 한다. 운동과 냉수욕을 한 뒤 새로운 인상들을 받아들이고 나서도 작업을 시작하지 못하고 있다면, 그냥 뛰어들어 시작하는 게 가장 좋을 수도 있다. 일단 도파민이 분비되고 나면 더 많은 도파민이 쉽게 분비되기 때문이다. 조금이나마 창조성을 발휘하기 시작하면 도파민의 선순환이 시작될 것이다.

6 ✳ 눈 깜짝할 새 잠드는 묘약

옥시토신 + 코르티솔(감소)

과도한 스트레스가 온몸을 장악하고 있으면 잠들기가 불가능하다. 생각이 빠르게 돌아가고 뇌에 이미지와 감각 인상이 솟아나서 이리저리 뒤척일 때도 잠을 이루지 못한다. 이 상태에서 벗어나는 가장 효율적인 방법은 옥시토신 양을 늘리고 부교감신경계를 활성화하는 건데, 잠들기 전 10분 동안 명상을 하면 효과가 좋다. 아니면 따뜻한 물로 샤워나 목욕을 하는 것도 괜찮은 방법이다.

준비를 마쳤다면 침대에 누워 차분하게 호흡하자. 1분에 6~8회, 혹은 더 적은 횟수로 호흡하는 걸 목표로 해서 몸이 점차 이완되는 느낌을 감각해보자. 이때 감은 눈은 눈꺼풀 뒤에 가만히 정지시키자. 분명 효과가 있을 것이다. 또 잠들기 전에는 컴퓨터 작업, 스트레스를 주는 영상 시청이나 독서 등 코르티솔을 유도하는 활동은 피하는 게 좋다. 잘 자기 위한 유용한 팁은 아주 많지만 그중에서도 방금 이야기한 것들이 가장 중요하다.

7 ✳ 눈이 번쩍 뜨이는 아침

코르티솔＋도파민＋옥시토신

원래 아침이면 코르티솔 수치가 높아져 하루를 시작하는 데 필요한 에너지가 솟아난다. 코르티솔 수치를 더 높이고 싶다면 아침마다 20분간 산책을 하며 햇빛을 보면 효과를 증폭할 수 있다. 여기에 그날 할 재미나고 신나는 일을 미리 생각해서 도파민을 추가하면 더 좋다. 재밌는 일을 생각해낼 수 없다면 기대되는 계획을 세워보는 것도 방법이다. 올해 첫 아이스크림 사기, 가본 적 없는 카페 방문하기, 뭔가를 연습하기, 오랜만에 친구에게 전화 걸기처럼 아주 간단한 것이어도 좋다. 가능하다면 이 도파민에다 옥시토신까지 첨가해보자. 잠깐 드러누워서 누군가가 한 말, 행동, 경험을 비롯해 어제 일어난 일에 감사하는 시간을 갖는 것이다.

8 ✳ 자신감 한껏 높이기

테스토스테론＋세로토닌

많은 사람이 축하하는 일을 잊어버리거나 충분히 하지 않은 채 넘어가곤 하는데, 적절한 축하를 하고 나면 더 자주 축하하고 싶어진다는 장점이 있다. 내가 하고 싶은 조언은 산책을 완료했거나, 일상에서 벗어난 모험을 했거나, 지금 이 순간에 머무르는 데 성공했거나, 누군가를 미소 짓게 한 작은 성공도 자주 축하하라는 거다.

또 성취에 자부심을 느끼도록 노력해야 한다. 당당하고 곧게 서서 지금 이 순간을 만끽하며 방금 한 일에 대한 긍정적인 기분에 집중하면 진정한 자부심을 느낄 수 있다. 큰 성취든 작은 성취든 축하하면 테스토스테론 양을 늘려 자신감을 높일 수 있고, 그 순간의 기분을 축하하며 세로토닌 양을 늘려 자존감도 높일 수 있다.

9 ✳ 사랑에 빠지고 싶다면

옥시토신＋세로토닌＋도파민＋코르티솔＋엔도르핀

사실 사랑의 불꽃이 튀는 건 미리 준비할 수 있는 일이다. 일단 누군가와 오랫동안 서로의 눈을 바라보면 옥시토신 분비를 유발할 수 있다. 그러면서 사적인 질문을 하고, 적극적으로 이야기를 듣고, 개인적인 경험을 나누는 것이다. 여기까지 시도했다면 다음은 신체 접촉이다. 처음에는 살짝 닿기만 했다가 상대가 허용한다면 조금씩 더 오래 만져도 좋다. 이때 칭찬도 도움이 된다. 칭찬을 하면 상대가 스스로 인식하는 사회적 지위가 높아져 세로토닌 양이 늘어날 가능성이 높다. 또 웃게끔 만들면 상대는 엔도르핀이 나와 긴장을 풀고 친사회적으로 반응할 것이다. 인위적으로 상대의 스트레스를 약간 높여 몸이 성적으로 흥분했다고 해석하게끔 유도할 수도 있다. 함께 공포 영화를 보거나 롤러코스터를 타서 약간의 스트레스를 주는 것이다. 그러면 흥분 상태를 자기 앞의 사람과 결부시킬 가능성이 크기 때문이다. 이건 사람들이 사랑에 빠질 때 작동하는 원리 중 하나이기도 하다.

10 ✳ 현명한 선택의 비법

도파민 + 코르티솔(감소)

어려운 결정을 내리기에 가장 준비된 상태는 언제일까? 만약 도파민이 잔뜩 분비돼서 천하를 주름잡을 듯 자신만만한 순간에 미래에 큰 영향을 줄 결정을 내린다면 비현실적인 목표 때문에 훗날 불안해질 수 있다. 반면 도파민 양이 너무 적을 때 결정을 내리면 너무 비관적이고 조심스러운 태도로 임하게 되는 바람에 삶을 한 단계 전진시킬 기회를 놓칠 수도 있다. ==가장 좋은 건 도파민 양이 평균에 가까울 때, 세로토닌과 코르티솔 수치가 평균에 가까울 때 중요한 결정을 내리는 것이다.== 그래야 결정이 평균적인 감정 상태를 반영하고, 부작용 때문에 힘겨워하는 일 없이 결정을 이행할 가능성이 높다. 또 한 가지 중요한 건, 스트레스가 심한 상태일 때 결정하는 일을 피하는 것이다. 그런 상태에서는 장기적인 결과를 고려하지 않고 즉각적인 고통을 완화하는 데 중점을 두기 때문이다.

11 ✴ 천하무적이 되는 법

세로토닌＋도파민＋테스토스테론＋옥시토신＋엔도르핀

수줍음 많은 사람이 발표를 하거나, 갈등을 극도로 꺼리는 사람이 남에게 피드백을 주는 등 성격상 어려운 일을 하려면 많은 의지와 에너지가 필요하기에 매우 힘들다. 이렇게 어려운 일을 처리할 때 활용하기 좋은 소소한 해결법들은 다음과 같다.

아침에는 자연적으로 많아진 세로토닌 양을 활용해서 어려운 일을 점심 전에 끝내자. 끝내고 나면 안도감이 들 뿐만 아니라 남은 하루를 기분 좋은 상태로 지낼 수 있다. 시작할 땐 앞으로 할 일이 얼마나 어려울지에 미리부터 집중해서 코르티솔을 분비시키기보다는, 예상되는 긍정적인 결과를 떠올려 도파민을 분비시키자. 충동 억제 능력을 낮추고 자신감을 높여주는 테스토스테론 양을 늘리는 것도 좋은 방법이다. 이때 용기를 주고 대담한 행동을 이끌어내는 음악을 들으면 도움이 된다.

여기까지 실행에 옮겼다면, 원하는 결과를 성취했을 때 과연 어떨지 머릿속에 그림을 그려보자. 합리적이라고 판단된다면 야심을 방해하는 대상을 향한 공격성을 조금 불러일으켜 테스토스테론 분비를 유발하자. 이제 막 처리해야 할 어려운 일이 스트레스를 준다면 긴장을 풀고 차분히 심호흡을 해서 옥시토신 양을 늘려보자. 마음이 내킨다면 엔도르핀을 조금 추가해도 된다. 엔도르핀이 웃음과 미소를 유발해 고통을 완화해줄 것이다.

방금 말한 어려운 일의 좋은 예로는 냉수욕을 들 수 있겠다. 수강생들에겐 어려운 일일 수 있다는 걸 알기에 나는 아침 일찍 일정을 잡은 뒤(세로토닌), 예상되는 고통보다는 끝냈을 때의 성취감과 자랑스러움에 집중하라며 격려한다(도파민). 물에 들어가기 직전에는 대담하고 힘센 기분을 끌어올리고 당당히 서 있으라 지시한다(테스토스테론). 냉탕에 들어간 상태에서 긴장을 풀 땐 차분하게 호흡할 것을(옥시토신), 물속에 머무르는 데 집중할 땐 웃고 미소 지을 것을 지시한다(엔도르핀). 냉수욕을 무사히 마쳤다면 이 어려운 관문을 통과한 자신을 반드시 축하해주는 것도 잊지 말자(세로토닌+테스토스테론)!

12 ✷ 긍정 의지 끌어올리기

도파민+테스토스테론

우리는 진정한 동기를 생각해낼 수도 있고 가짜 동기를 생각해낼 수도 있다. 정확히는 뭐가 다른 걸까? 진정한 동기를 찾는 가장 쉬운 방법은 무엇을 성취하고 싶은지 생각하고 활동 자체를 즐기는 것이다.

　낙엽을 쓸어야 하는데 그럴 기분이 아니라면 다 쓸고 났을 때 마당이 얼마나 멋질지, 깨끗한 풍경을 보고 얼마나 기분 좋을지 상상해보자. 그러고는 이 동기를 활동 자체를 즐길 기회로 삼자. 낙엽을 치운 덕분에 마당이 깨끗해지는 걸 보며 경험하는 모든 감정에 주의를 기울이자. 낙엽을 쓸어 모으는 동안 팟캐스트를 듣는 도파민 스태킹은 지양하도록 한다. 이러면 별다른 이유도 없이 가짜 동기에 의존하는 셈이 된다.

　도파민은 테스토스테론을 만나면 특히 강력해지기에 승리에 초점을 맞추고, 용기와 희망을 주는 음악을 틀고, 마치 온 천하가 내 밑에 있는 것처럼 돌아다니며 테스토스테론 양을 미리 늘려놓는 것도 좋은 방법이다. 낙엽이 깨끗이 치워진 마당을 향해 가는 단계 하나하나를 승리로 여기고 일일이 축하하는 일도 중요하다!

그렇다면 가짜 동기를 활용하는 방법도 알아보자. 우리 뇌는 무척 똑똑해 보이지만 특정 감정이 어디서 유래했는지 구분하는 능력은 의외로 떨어진다. 이 말은 곧 하나의 관점에서 동기를 만들어낸 다음, 완전히 다른 목적으로 활용할 수도 있다는 뜻이다. 예를 들어 낙엽 쓸기처럼 별로 내키지 않는 일을 하기 전에 운동을 해보는 것이다. 막상 운동을 하면 도파민 양이 늘어나서 하기 싫은 일을 하기가 훨씬 쉬워진다! 그런데 반대로 낙엽을 쓸기 전 두 시간 동안은 빈둥대는 행동은 피해야 한다. 아무리 셀프리더십 훈련이 잘된 사람이라 해도 빠른 도파민과 느린 도파민이 만들어내는 차이는 압도적이기 때문이다. 계속 빈둥거리다 보면 어느새 마음이 바뀌어서 소파로 돌아가 SNS만 들여다보고 있을지도 모른다.

악마의 칵테일
호르몬 레시피

기분이 나빠지는 이유

천사의 칵테일이라면 몰라도 누가 악마의 칵테일을 주문하려나 싶겠지만, 이상하게도 진짜 그런 사람들이 있다. 중요한 건, 대부분 자기가 무슨 짓을 저지르는지 모르는 상태로 악마의 칵테일을 들이켠다는 것이다. 가장 흔한 여섯 가지 악마의 칵테일을 살펴보자.

❋ 고의가 아닌 악마의 칵테일

이 유형은 의도치 않게 제조된 악마의 칵테일이다. 이걸 마신 사람은 만성 염증에 시달리고 있거나 한동안 강력한 감정적, 육체적 투쟁을 경험하는 중일 수 있다. 염증이나 통증이 유발하는 스트레스는 스스로 알아채지 못하더라도 시간이 흐르면서 점차 기분을 악화시킨다.

❋ 순수한 악마의 칵테일

의도치 않게 제조된 것과 반대로, 이 유형은 순수한 악마의 칵테일이다. 이 칵테일을 마신 사람은 자신이 긍정적인 감정을 느끼거나 표현하는 걸 허용하지 않기에 인생이 거의 일관되게 우울하다. 보통은 긍정적인 감정을 표현하거나 경험하거나 주고받는 법을 배운 적이 없어서일 때가 많다. 혹은 과거에 상처 입은 경험 때문일 수도 있다. 하지만 셀프리더십 관점에서 보면 감정을 느끼고 내보이고 표현하는 용기를 찾는 건 언제라도 시도 가능한 일이다.

※ **수동적인 악마의 칵테일**

이 칵테일을 마신 사람들은 살면서 선택의 순간이 오면 스스로 해내긴 하지만 수동적인 성향 때문에 힘겨워한다. 주말만 손꼽아 기다리고, 일해야 하는 평일은 어떻게든 통과해야 하는 고된 일상으로 치부할 뿐이다. 자신의 직업을 즐기지 않거나 무의미하다고 생각하기 때문에 주중에는 거의 감정이 꺼진 상태로 지낸다. 물론 직장이나 학교에서 괴롭힘을 겪어 그런 상태에 이른 걸 수도 있다. 이렇게 주중에 감정이 정지된 상태, 천사의 칵테일 재료가 매우 부족한 상태로 지내면 주말이 삶의 유일한 오아시스로 여겨지기 마련이다. 하지만 불행히도 월요일은 어김없이 돌아오고 삶은 다시 비참해진다. 이 경우에는 천사의 칵테일 재료가 부족한 게 가장 큰 문제다.

※ **오래된 악마의 칵테일**

매우 흔한 부류다. 이 칵테일의 기본 재료는 직장이나 일상생활 속 장기적인 갈등 상황이 유발하는 만성 스트레스다. 물론 몇 달 혹은 몇 년씩 지속되는 스트레스는 도파민, 세로토닌, 테스토스테론, 프로게스테론, 에스트로겐(마지막 셋은 대표적인 성호르몬)이 자연스럽게 균형을 맞출 수 있도록 돕는 역할을 하기도 한다. 하지만 반대로 말하자면 호르몬들이 불균형할 때는 성욕과 자신감도 안 좋은 영향을 받는다는 걸 유념해야 한다.

❋ 이기적인 악마의 칵테일

'해리 포터' 시리즈의 볼드모트처럼 호르몬의 악한 힘을 골라 활용하게 만드는 칵테일이다. 이 칵테일을 마신 사람은 다른 집단을 비하해서 자신들의 소속감을 강화하고(다크 옥시토신), 사회적 지위를 높이기 위해 상대를 제압하는 다양한 기술을 활용하고(다크 세로토닌), 타인의 승리와 성공을 자기 것이라 주장하며 다른 이의 테스토스테론을 빼앗아 온다.

❋ 관심을 갈구하는 악마의 칵테일

주변에서 꽤 자주 볼 수 있는 이 유형은 희생자 역할을 자처한다. 길을 잃은 채로 세로토닌(사회적 지위)과 옥시토신(연결성)의 자기파괴적 자극원에 몰두한 이들은 일부러 자신을 비하하고, 문제를 일으키고, 불쌍한 처지에 놓여 받게 되는 관심을 탐닉한다. 관심만 받는 게 아니다. 이들은 주변 사람들이 자신을 측은해하면서 도우려고 애쓰는 모습을 보며 인정받는 기분과 친밀감을 느낀다. 이 함정에 빠지는 건 참 쉽지만 불행히도 누군가의 도움 없이는 빠져나오기 무척 어렵다.

살다 보면 자연히 천사의 칵테일도 마시고 악마의 칵테일도 마시게 된다. 전반적으로는 인정받으며 괜찮은 삶을 사는 중이어도 여전히 충족되지 않은 소망을 간직한 채 누릴 수 있는 만큼의 삶을 누리지 못한다 느끼는 사람이 꽤 많다.

천사의 칵테일보다 악마의 칵테일을 훨씬 많이 마시는 사람에게 삶은 안개에 휩싸인 것처럼 보인다. 그 지경에 이르는 과정이 아주 점진적이라 거의 알아채지 못하지만, 시간이 지나면서 날마다 점점 고갈되고 공허해지는 감각을 느끼게 된다. 거듭 자신을 비판하다 보면 부정적인 감정은 더욱 증폭되고, 결국에는 안 좋은 감정을 상쇄하기 위해 다양한 종류의 빠른 도파민을 분비시키게 된다. 스마트폰, 게임, 사탕, 간식, 패스트푸드, 뉴스, 포르노, SNS에 지나치게 몰두하는 것이다. 그러면 사회적 자극과 신체 활동은 당연히 줄어들고, 상태가 더 악화되면 절망감에 어쩔 줄 몰라 하며 점점 더 강한 도파민 자극을 원하는 바람에 도박, 음식, 알코올 등에 중독돼버리기도 한다. 그렇게 악마의 칵테일을 장기적으로 과다 섭취하면 디스포리아에 빠지게 되고, 우울증이나 불안증 증상이 생기기도 한다. 그리고 중요한 건, 보통은 이 상황을 어떻게 바꿔야 할지 전혀 모른다는 것이다.

만약 오랫동안 악마의 칵테일을 너무 많이 마신 사람이라면 지금 이 말이 나쁜 소식으로 들릴 수 있다. 하지만 좋은 소식도 있다! 방금 말한 종류 중 어떤 걸 마시고 있었든 간에 언제든지 천사의 칵테일을 마시기로 선택할 수 있다는 것이다. 상황이 어떻든 천사의 칵테일을 마시기 시작하면 변화가 생기고, 시간이 흐르면서 점점 상황이 나아지는 걸 목격하게 되는 법이다. 꾸준히 변화를 실천하다 보면 마지막에는 안개가 걷히고 주변을 둘러싸고 있던 장막이 터지며, 삶이 내게 되돌아오고 있다는 걸 느낄 수 있을 것이다.

악마의 칵테일을 습관적으로 과다 섭취하는 습관에서 벗어나고 싶다면 앞서 이야기한 다양한 기술을 삶에 활용해보는 과정이 필요하다. 스트레스 맵을 만들어보고, 느린 도파민을 분비하고, 옥시토신과 세로토닌 분비 기술을 활용해보자. 규칙적으로 운동하는 습관을 들이는 것도 필수다. 짧은 산책도 괜찮고, 날마다 명상하고 질 높은 수면을 취하는 것도 큰 도움이 된다.

새로운 나,
새로운 미래

뇌 속 낯선 길 개척하기

음악을 대하는 자세는 크게 두 가지가 있다. 하나는 적극적으로 만드는 자세고, 다른 하나는 능동적으로 듣는 자세다. 음악으로 비유를 들자면 지금까지는 음악을 어떻게 만드는지 배운 셈이다. 그렇다면 마지막으로 우리가 배울 건 그 음악을 '어떻게' 들을지다. 의도적인 노력 없이도 뇌가 엔도르핀, 테스토스테론, 옥시토신을 분비하도록 훈련하는 것이다.

7월의 서늘한 저녁, 해가 막 지평선에서 지기 시작한 순간으로 가보자. 눈앞에 펼쳐진 밀밭에는 노을이 비치고 있다. 여름 산들바람이 밀밭을 가로질러 달려오고, 우리는 반대편의 풍성한 풀들 사이를 돌아다니기로 한다. 잠시 후 아까 있던 곳으로 다시 돌아와서 뒤를 돌아 지나온 길을 쳐다보지만, 걸어온 흔적은 거의 찾아볼 수 없다. 아주 쾌적한 산책이었기에 다음에 그 길을 다시, 또다시 걸어보기로 한다. 여름이 끝날 무렵이면 적어도 100번은 걸었을 테고, 한 번 더 걸을 때마다 지나간 흔적은 점점 분명해진다.

시간이 흘러 같은 경로로 밀밭을 10만 번 산책했다고 치자. 과연 밀밭에는 어떤 길이 남았을까? 아마 따라가기 쉽고,

에너지가 거의 소모되지 않고, 매우 익숙한 데다 안전하다는 느낌을 주어 다시 걸어도 괜찮은 길이 형성되었을 것이다. 밀밭 산책로는 우리의 습관적인 생각과 행동이 실제로 어떻게 형성되는지를 보여주는 절묘하고 정확한 비유다. 거듭 되풀이되는 생각과 진실과 행동이 밀밭 길이고, 우리는 각자의 몇몇 길을 1만 번씩, 혹은 10만 번씩 걸었다. 사람들은 자기 생각과 행동에 익숙해져 있다. 산책로 비유로 보았듯 그 생각과 행동은 자신이 걸을 수 있는 안전하고 간단하며 에너지 효율이 높은 경로다.

그런데 어느 날 이런 생각이 든다. '항상 이 길만 따라 걸으니 지겹네. 여긴 내가 가고 싶은 곳으로 이어지지 않아. 새 길을 만들겠어!' 결심을 하고서 왼쪽으로 50보 걸어간 다음, 새로운 방향으로 걷기 시작한다. 그런데 밀의 줄기가 휘어졌다 되돌아오며 몸을 계속 때리고, 발이 흙더미와 암석에 자꾸 걸려 비틀거리자 뇌가 불평을 토로한다. '아니, 왜 이런 어리석을 짓을? 바로 저쪽에 안전하고 이미 다져진 길이 있는데 여기로 걷는 이유가 도대체 뭐야?' 하지만 굳은 결심을 떠올리며 새로운 길 개척을 포기하지 않자, 결국 변화가 일어난다! 사용하지 않게 된 길은 어떻게 될까? 거기엔 곧 풀이 웃자라버릴 테고, 시간이 지나면 새로 만든 길이 더 빠르고 간단한 길이 될 것이다. 심지어 새로운 길을 충분히 많이 걷고 나면 예전 길은 존재했다는 흔적조차 남지 않게 된다. 가끔 옛날 일기를 들춰보면 당시엔 극복해야 할 큼직한 문제라 여긴 무언가가 지금에 와서는 삶에서 완전히 없어진 후일 때가 더러 있지 않은가.

밀밭 산책로처럼 우리의 모든 생각, 진실, 행동은 새롭게 교체될 수 있다. 충분히 되풀이한다면 말이다. 미소 짓는 습관을 예로 들어보자. 진정한 미소는 도파민, 세로토닌, 엔도르핀을 마술적인 비율로 분비시킨다. 더 자주 미소 짓기로 결심한다면 한 번 연습할 때마다 뇌 속의 새로운 길을 만들어 걷는 셈이고, 몇 달 혹은 일 년이 지난 어느 날에는 별안간 의식하지 않아도 더 자주 웃고 있다는 걸 알아챌 것이다.

자, 이제 우리는 음악에 귀 기울이는 법까지 알게 되었다. 무엇을 유발해야겠다고 특별히 생각하지 않았는데도 스스로를 위한 능동적인 천사의 칵테일을 만들어낼 수 있게 된 것이다. 이 개념을 가리키는 과학 용어가 바로 뇌가소성이다.

믿는 대로 바뀌는 뇌가소성

오랫동안 인간의 뇌는 정지해 있으며 변화할 수 없다고 여겨졌다. 오늘날에도 자신은 별다른 능력 없이 태어났다 주장하는 사람들이 있다. 춤, 요리, 길눈, 개그 감각, 발표, 영업 실력, 리더십 등 수많은 무언가 중 그 어떤 것도 없다고 말이다. 하지만 이런 태도는 그 영역에서의 성장을 극도로 가로막는다. 심리학자 캐롤 드웩은 이 태도를 '고정된 마음가짐'이라 표현한다. 반면 특정 영역에서 자신을 발전시키고 성장할 수 있다고 믿는 사람은 실제로도 그럴 수 있다. 이는 '성장 마음가짐'이라 한다.

행복, 자부심, 자기애, 자신감을 자유롭게 선택할 수 있는지 자신에게 물어보자. 그렇다고 생각한다면 그게 맞다! 하지만 아니라면 선택의 자유가 있다고 설득할 방법을 찾아야 한다. 먼 길을 돌아가야 할 수도 있지만 불가능한 건 아니다. 열린 마음을 가져보자. 호기심 많고 성장하는 열린 마음가짐을 지닌 친구들과 이 주제로 대화를 나누면 영감을 받아 관점을 바꾸는 데 도움이 된다. 인간은 쉽게 영향받는 존재이기에 어떤 것이든 믿을 수 있다. 여기서 관건은 행동을 바꿀 힘이 스스로에게 있다는 걸, 자기 자신의 안녕에 스스로 영향을 줄 수 있다는 걸 믿는 것이다.

이름 모를 열대 질병에 걸려 12주 동안 병원에 격리되어야 하는 상황을 상상해보자. 작은 창문 너머로 벽돌 벽이 마주 보이고 가구도 없는 흰 방으로 인도되어 방 저편의 구멍으로 식사를 전달받는다. 다행히 컴퓨터를 제공해주는 덕에 외롭지만 견디기 어려운 상황까진 아니다.

그러던 어느 날, 뉴스 기사를 읽다가 최근 대기 변화 때문에 머리카락이 붉은 사람들의 유전자 구성이 바뀌어 이들이 극단적인 폭력 발작을 쉽게 일으킨다는 연구 결과가 발표된다. 이 뉴스는 붉은 머리 사람들과 눈을 맞추지 말 것을 경고하고, 격리된 12주 동안 붉은 머리 사람들이 저지른 폭력적인 범죄에 대한 뉴스가 줄줄이 쏟아져 나온다.

마침내 사람들과 접촉해도 안전하다는 판정을 받아 병원에서 퇴원하는 날이 온다. 그런데 입구에 나오자마자 머리가 붉은 남성이 옆을 지나가고, 곁을 스치차마자 나도 모르게 몸이 움찔한다. 그런데 참으로 이상한 상황이 아닌가. 뉴스대로 정말 붉은 머리 사람들이 위험할까? 아니라면 도대체 누가 붉은 머리 사람들의 평판을 나쁘게 몰고 가기 위해 그런 거짓 논문을 발표하고 뉴스를 조작한단 말인가?

그런데 곰곰이 생각해보면 이게 바로 오늘날의 뉴스와 SNS가 작동하는 방식이라는 걸 이해하게 된다. 인터넷은 믿을 이유가 없는 사실들을 믿는다는 자각도 없이 신뢰하게 한다. 예를 들어 뉴스는 긍정적인 소식보다 부정적인 소식을 강조하는 경향이 있어서 시청자가 세상에 편견을 갖게 한다. 병원에 12주 동안 격리된 뇌도 같은 원리를 거쳐 붉은 머리 사람을 보기만 해도 악마의 칵테일을 제조하게 되는 신경학적 변화를 겪은 것이다.

뇌에 어떤 사실을 입력하고 충분히 오래 되새김질하면 결국 그것이 자기가 믿는 '진실'이 되어버린다. 만약 뇌에 입력되는 내용을 관리하지 않고 살았다면 지금까지 쌓인 생각과 믿음은 부모, 친구, 문화, 그간 접해온 전통적 미디어, SNS가 선택한 결과다. 함께 어울리기로 선택한 사람들도 마찬가지다. 의식적으로든 무의식적으로든 이들은 우리 뇌에 끊임없이 아이디어를 투입하고 있다.

날마다 뇌에 입력되는 내용들은 정신적 밀밭에 길을 만들고, 이는 악마의 칵테일에 도달할지 천사의 칵테일에 도달할지를 결정한다. 뇌가소성은 한시도 멈추지 않고 어떤 상황에서든 최적의 기능을 하도록 뇌를 끊임없이 적응시킨다. 항상 진행 중인 이 절차가 바로 우리를 자기 자신으로 만든다. 과학적인 언어로 설명하자면 특정 기억과 활동을 자주 반복할수록 신경 연결과 신경세포가 강화되고, 반복하지 않을수록 약해진다고 할 수 있다. 어떤 믿음을 반복하면 그에 따라 뇌에 물리적 변화가 생긴다는 뜻이다. 뇌에 어떤 내용을 입력할지 올바르게 선택하기만 하면 영구적이고 자동으로 추출되는 천사의 칵테일을 만들 수 있다니!

사실 변화는 이미 일어나고 있다. 이 책에서 발견한 조언과 발상이 영감을 주고 각자의 밀밭에 새로운 길을 내딛게 했을 테니 말이다. 변화는 뭔가가 별안간 제자리를 찾거나 파악되는 것처럼 갑작스러운 깨달음의 형태로 올 수도 있다. 어떤 통찰이 스쳐가듯 아주 잠깐 나타났다 사라질 때도 있는데, 아무래도 필요한 순간에 불러내거나 예측하기 어려울 때도 있으니 느리지만 예측 가능한 반복의 원리를 이용하는 게 더 나은 전략이다. 뇌가소성 연구 결과들에 따르면 뇌의 물리적 변화는 단 4주 만에도 관찰되고, 이 변화는 시간이 흐를수록 더 뚜렷해진다. 뇌가소성과 반복에 관한 연구는 대부분 12주 안에 종료되었지만, 12주보다 길게 진행된 소수의 연구는 변화가 오랫동안 지속된다는 사실을 명확히 보여주었다.

과학적 연구 결과와 내 경험을 통틀어 볼 때, '8주'라는 기간에 크나큰 의미가 있는 듯하다. ==8주가 지나면 의도적으로 노력하지 않아도 반복 연습이 활성화되기 시작한다.== 내가 이 책에서 소개한 다양한 기술이 자동화되는 데 걸린 기간도 4주에서 40주 사이다.

어떤 행동이나 사고 흐름의 습관을 장기적으로 변화시키는 데 정확히 얼마의 시간이 걸린다고 누구도 확언할 수는 없다. 걸리는 시간은 사람마다 다르며 유전, 후성유전, 기존 패턴, 마음가짐, 반복 연습의 빈도와 기간, 각자가 놓인 환경과 상황 등 다양한 요인에 따라 달라지기 때문이다. 확실한 건 자신을 다시 설계하는 일이 가능하다는 사실이다. 두 달이 걸리든 일 년이 걸리든 상관없다. 얼마나 오래 걸리는지는 중요하지 않다. 정말 중요한 건 이제부터 원하는 모습이 되고, 원하는 기분을 느끼기 위한 훈련을 적극적으로 선택하겠다는 결심이다.

행복의 비법

우리는 이 세상이 복잡하다는 사실을 직면해야 한다. 날마다 접하는 뉴스, 거듭 비교하게 되는 극단적인 SNS 속 환상, 매 순간 주어지는 무한한 옵션, 자연스럽레 게을러지는 운동 주기, 성과를 우선시하는 풍조, 더 많은 탄수화물과 당을 갈망하게 하는 패스트푸드와 설탕의 유혹, 이전 어느 세대보다 많은 자극을 요구하는 헬리콥터 부모의 자녀들…. 이 모든 현상이 정신적 부담으로 다가온다. 우리가 사는 오늘날의 세상은 덩컨과 그레이스가 살던 2만 5000년 전보다 어쩌면 더 살기 어렵다고 볼 수도 있다.

그런데도 우리는 이 세상이 가능한 모든 세상 중에서 가장 단순한 최선의 세계라는 환상을 간직한 채 살아간다. 그런 상태로 계속해서 광고, 메시지, 뉴스, SNS가 영향을 미치도록 내버려둔다면 결국 만성적인 절망에 빠지고 말 것이다. 인간이 만들어낸 사회와 문화는 사실상 부자연스러운 환경이다. 그렇기에 자신이 원하는 모습이 될 수 있도록 스스로 삶을 선택하는 일이 그 어느 때보다도 중요하다.

다른 사람들이 휘두르는 대로 살며 수동적인 삶을 영위할 것인가, 아니면 현재와 미래에 어떤 사람이 될지 스스로 결정할 것인가? 기분이 좋아지고 싶은가? 행복해지고 싶은가? 그렇다면 스스로 주체가 되어 나 자신을 창조해야 한다.

어떤 사람이 되고 싶은지, 어떤 생각을 할지, 어떤 사람과 어울릴지, 어떤 책을 읽을지, 어떤 뉴스를 피할지, 어떤 음식을 먹을지는 모두 선택의 영역이다.

극심한 우울증에서 벗어났을 때 깨달은 건, 사회가 제공한 가장 쉬운 선택들의 결과물이 바로 이전의 나였다는 사실이다. 운동을 충분히 했고 식습관도 괜찮았지만, 진짜 문제는 사회를 지배하는 관념과 구조물이 준 끝없는 스트레스였다. 많이 일하고 열심히 일해서 부유해지고 재산을 늘리는 게 성공이라 믿었지만, 실은 전부 엉터리였다. 진정한 성공이란 자신의 최선의 모습에 이르는 것이다. 기분 좋아지는 행동과 생각을 선택하는 일. 그 상태에 도달하면 무엇이든 할 수 있다.

행복에는 지름길이 없다. 행복은 생활 그 자체다.

맺음말

✳

오늘보다 완전해질 내일의 나

우리는 원하는 것이 생기면 갈구하고, 결국에는 얻어낸다. 예기치 못한 방식으로 말이다!

내 경우에는 11월 어느 흐린 가을날에 모든 게 바뀌었다. 아내와 산책을 나가 다리를 건너던 중 별안간 처음 느껴보는 감각에 사로잡힌 바로 그 순간이었다. 충격을 받아 멈춰 선 나를 보고 마리아는 고개를 갸웃거리며 무슨 일인지 물었다. 나는 최선을 다해 무엇을 느꼈는지 설명했다. 다 듣고 난 마리아는 놀랐다는 듯이 작게 소리 내 웃곤 이렇게 말했다.

"행복을 느낀 거네."

그런데 사실 이 이야기는 그날 시작된 것이 아니다.

그로부터 몇 달 전인 여름, 나는 커뮤니케이션을 주제로 강연을 하러 예테보리로 출장을 갔다. 강의가 중반에 접어들어 잠시 휴식하기로 한 동안 나는 별로 하는 일도 없이 컴퓨터 앞에 서 있었다. 누군가가 다가와 한마디 칭찬을 건네기를 바라면서.

아니나 다를까 시야 가장자리로 한 청중이 다가오는 모습이 보였다. 하지만 망설이는 걸음걸이와 바짝 조심스러워하는 모습을 보니 칭찬일 리는 없는 듯했다. 결국 그가 입을 뗐다.

"아무래도 알려드려야 할 것 같아서요. 여태 모든 예시에 저희 회사 이름이 아니라 경쟁 회사 이름을 넣으셔서…."

그 말을 들은 나는 충격에 휩싸여 당장이라도 땅속으로 도망치고 싶은 심정이었다.

'어떻게 이럴 수가 있지? 이러고도 전문 강연가 자격이 있나? 단어 하나조차 심사숙고해서 입 밖으로 꺼내야 하는 사람이…. 내 커리어는 끝장났어! 무슨 말을 하는지도 모르면서 어떻게 강연을 하나?'

예테보리에서 겪은 일은 내가 수렁에 빠지게 된 결정적인 사건이었다. 극도의 스트레스에 사로잡힌 나는 주치의와 급히 진료 약속을 잡았다. 주치의는 나를 심히 나무랐다.

"데이비드 씨, 지난번에 제가 뭐라고 했습니까? 2년 전 얼굴에 경련이 일어나서 오셨죠. 그래서 스트레스가 원인이라고, 일을 줄이고 쉬시라 했잖습니까. 작년에는 위장과 심장에 문제가 생겨 오셨어요. 그때도 똑같은 말씀을 드렸고요. 그랬는데 지금 다시 오셔서 스트레스 때문에 생긴 신경계 증상을 호소하고 계세요! 대체 언제 정신 차리실 겁니까? 당장 생활 패턴을 바꾸지 않으면 몸이 영영 고장 나버립니다. 제가 보기엔 예전으로 돌아가는 데 최소 3년은 필요해요. 더 빨리 회복하는 건 불가능하니까 아예 생각도 하지 마세요!"

병원을 떠나면서 어깨가 축 처지고 눈물이 줄줄 흘러내렸다. 과거에 천하무적이었던 몸을 끌고서 집으로 돌아간 나는 그날부터 두 달 동안 침대에서 일어나지 못했다. 극심한 우울증에 걸려 나락으로 끝없이 떨어지는 느낌이었다. 그해 여름을 떠올리면 날이면 날마다 엉엉 운 기억뿐이다. 하루하루가 전날보다 더 무의미하게 느껴졌고 모든 것이 지루했다. 지옥 같은 나날 속에서 꾸준히 하는 일이라곤 저녁마다 다음 날 아침에 깨어나지 않고 영원히 잠들게 해달라 기도하는 것밖에 없었다. 많은 사람이 걱정했고 도와주고 싶어 했지만 달라지는 건 없었다. 11월에 다리를 건너며 인생의 큰 분기점을 맞이한 날이 오기 전까지 말이다.

나는 국제적인 강연자, 코치, 교육자로 활동하며 신경과학, 생물학, 심리학에 기반한 커뮤니케이션 연구에 삶을 바쳤다. 하지만 10년 가까이 전부를 바쳐 심리학과 생물학 이론을 바탕으로 한 모든 기술과 방법을 썼는데도 사람들의 능력을 70퍼센트까지밖에 끌어올리지 못했다! 당시 나는 100퍼센트에 이르기 위해선 대체 무엇이 필요한지 큰 고민에 빠졌다.

그런데 해결의 열쇠는 책이나 전문가의 손이 아닌 내 안에 숨어 있었다. 오랜 시간 겪은 우울증, 간간이 되풀이된 자살 충동, 암흑 속에서 울며 지낸 시간 끝에 우연히 다리 위에서 느낀 5분의 행복이 해결의 열쇠로 찾아온 것이다. 마치 영국의 아서왕 전설에 나오는 성스러운 검인 엑스칼리버처럼 수면 위로 떠올랐기에 처음에는 찾은 줄도 몰랐지만 말이다.

다리 위의 이야기로 돌아가서 잠깐의 행복을 다시 떠올려보자. 그땐 난생처음으로 색을 보거나 냄새를 맡는 기분이었다. 그 감각이 사라지고 나서 얼마나 다시 느끼고 싶었을지 짐작할 수 있는가? 그 감각은 내 안에 불꽃을 일으켰다. 아니, 아예 화산을 폭발시켰다. 그 뒤로는 아무것도 나를 멈출 수 없었다!

그날 산책에서 돌아오자마자 나는 사무실로 달려가 내가 최근 한 일 중 그 감각을 불러일으켰을 만한 활동을 모조리 적었다. 그리고 엑셀 프로그램을 열어서 어떤 활동을 언제 얼마나 했는지 적어 내려갔다. 그 불꽃은 내게 활기를 불어넣어 조증에 가까운 상태로 이끌었고, 그날부터 닷새간은 잠을 거의 자지 않았다. 닷새 동안 이 주제에 관한 수많은 연구 논문과 책을 읽고, 화이트보드에 떠오르는 아이디어를 적어보고, 중요한 사항을 메모하며 구체적인 일정을 짰다. 간혹 잠이 들었다가도 한두 시간만에 깨어나 셀프리더십 연구를 계속했다. 그렇게 5일이 지나자 나를 구원해줄 새로운 인생 버전 자료가 완성되었다.

이 계획을 몇 개월간 몸소 실행하기 시작했고, 한두 달이 지나자 10분의 행복을 느낄 수 있었다. 그러다 20분, 40분, 심지어는 한 시간의 행복이 찾아왔다. 몇 분은 몇 시간으로 늘어났고 몇 시간은 며칠이 되었다. 이듬해 1월에는 행복한 시간이 압도적으로 많아져 있었다. 마치 마술 같은 동화의 나라로 가는 열쇠가 쥐어진 듯했던 그해, 나는 최고로 충만한 시간을 보냈다. 모든 일이 짜릿한 흥분과 기쁨으로 가득했고 눈물이 쏟아져 나왔다.

호기심이 많은 나는 그간 적용해온 기술들을 수강생에게도 가르치기 시작했다. 그리고 바로 그때 깨달았다. 사는 내내 찾고 싶던 것을 찾았다는 사실을 말이다. 내가 지도하고 훈련한 고객들은 빠른 진전을 보였고 리더, 선생님, 의사, 강연가, 영업 사원으로서 각자의 잠재력을 최대한 끌어냈다. 더구나 그들은 사적인 삶에서도 개인으로서, 동료로서 성장했다. 진정 100퍼센트에 도달한 것이다!

내가 얻은 통찰이 실제로 다른 사람에게도 도움이 되었기에 이 책에서 그간 연구한 기술들을 소개하고자 했다. 내 개인적 경험은 물론이고, 세계 곳곳에서 셀프리더십을 가르치는 과정에서 수만 명에게 배운 점, 참고한 연구 논문들을 함께 담았다. 이 책에 담은 중요한 기술들을 시간 들여 연습하고 날마다 적용한다면 6개월 안에 이제껏 전혀 본 적 없는, 혹은 아주 오랫동안 만나지 못했던 새로운 버전의 자신과 새로운 버전의 세상을 만나게 될 거라고 약속한다.

자, 그럼 지금부터 환상적인 호르몬의 세계를 저마다의 일상에 본격적으로 녹여보자. 지금껏 알지 못한 행복의 세계가 우리를 기다리고 있다.✢

지은이 데이비드 JP 필립스 David JP Phillips

스웨덴 출신의 세계적 커뮤니케이션 전문가이자 강연자. TEDx 무대에서 '파워포인트 발표 망치지 않는 법 How to Avoid Death by PowerPoint' 강연으로 대중의 주목을 받기 시작했으며 이후 스토리텔링의 과학, 뇌과학 기반 자기계발, 비언어적 커뮤니케이션에 이르기까지 다양한 주제를 아우르며 강연 활동을 이어오고 있다. 5000명이 넘는 발표자를 분석해 효과적인 전달 기술을 정리한 '110 스텝' 프로그램을 운영 중이다.

옮긴이 권예리

미국 캘리포니아대학교에서 물리학을, 서울대학교에서 약학을 공부했다. 어릴 적부터 글자로 적힌 모든 것을 좋아했고 새로운 언어가 열어주는 세계에 매료되었다. 미국에서 11년간 거주하는 동안 도서관과 서점에서 시간을 보내면서 다양한 분야의 좋은 책을 더 많은 사람에게 소개하고픈 마음을 품었다. 옮긴 책으로 『과학의 놀라운 신비』『사라진 여성 과학자들』『은밀하고 위대한 식물의 감각법』『수상한 나무들이 보낸 편지』『인생은 어떻게 이야기가 되는가』 등이 있으며, 저서로 『이 약 먹어도 될까요』가 있다. 작은 병원에서 약사로 일하며 틈틈이 번역하고 글을 쓴다.

나를 움직이는 신경전달물질의 진실
인생은 호르몬

펴낸날 초판 1쇄 2025년 9월 26일
초판 3쇄 2025년 11월 27일
지은이 데이비드 JP 필립스
옮긴이 권예리
펴낸이 이주애, 홍영완
편집장 최혜리
편집1팀 김혜원, 박효주, 송현근
편집 홍은비, 강민우, 안형욱, 최서영, 이소연
윌북주니어 도건홍, 한수정, 이은일
디자인 김주연, 기조숙, 윤소정, 박정원, 박소현
홍보마케팅 김태윤, 김준영, 백지혜, 박영채
콘텐츠 양혜영, 이태은, 조유진
해외기획 정수림
경영지원 박소현
펴낸곳 (주)윌북 **출판등록** 제 2006-000017호
주소 서울특별시 마포구 동교로19길 28(서교동 448-9)
전화 02-323-3777 **팩스** 02-323-3778 **홈페이지** willbookspub.com
블로그 blog.naver.com/willbooks **트위터** @onwillbooks **인스타그램** @willbooks_pub
ISBN 979-11-5581-852-7 (03470)

- 책값은 뒤표지에 있습니다.
- 잘못 만들어진 책은 구매하신 서점에서 바꿔드립니다.
- 이 책의 내용은 저작권자의 허락 없이 AI 트레이닝에 사용할 수 없습니다.